八堂自然课

大自然
教给我们的
生存之道

[美]
盖瑞·弗格森
(Gary Ferguson)
– 著 –

高环宇
– 译 –

中信出版集团 | 北京

图书在版编目（CIP）数据

八堂自然课：大自然教给我们的生存之道 /（美）盖瑞·弗格森著；高环宇译 . -- 北京：中信出版社，2021.12(2024.10重印)

书名原文：The Eight Master Lessons of Nature: What Nature Teaches Us About Living Well in the World

ISBN 978-7-5217-3631-1

I. ①八… II. ①盖… ②高… III. ①自然科学－普及读物 IV. ① N49

中国版本图书馆 CIP 数据核字（2021）第 196123 号

八堂自然课——大自然教给我们的生存之道
著者：［美］盖瑞·弗格森
译者：高环宇
出版发行：中信出版集团股份有限公司
（北京市朝阳区东三环北路 27 号嘉铭中心　邮编　100020）
承印者：北京通州皇家印刷厂

开本：880mm×1230mm 1/32　印张：8.25　字数：126 千字
版次：2021 年 12 月第 1 版　印次：2024 年10月第 7 次印刷
京权图字：01-2020-2689　书号：ISBN 978-7-5217-3631-1
定价：58.00 元

献给我亲爱的玛丽

她每天像玩捉迷藏一样向我展示生活中的真善美

目　录

译者序

编辑拿着英文原版书稿来找我的时候，我刚刚完成一本大书的翻译工作，身心疲惫，正准备给自己放假。可匆匆翻阅几页之后，我便被作者行云流水般的文笔和妙趣横生的经历吸引，想要跟着作者开始一场精神之旅。

这本书的作者盖瑞·弗格森没有介绍自己的头衔，我想他应该是一名自然学家（naturalist）。这个英文单词的词根意思是“自然的、本能的”，而从中文的角度而言，它是“大自然的专家”，但是词典几乎无一例外地将其翻译为“博物学家”。由此可见，化学家、生物学家、人类学家等都是术业有专攻的大人物，而一个“博”字证明自然学家就是“杂家”。因此，这本书涉及植物学、动物学、医学、化学、量子物理学、哲学和社会学的知识也就不足为奇了，更难能可贵的是，作者在书中多次提到中国的老子。

或许所有人在第一次把“万花筒”拿在手里转动的时候，都对那些变幻无穷的图案着迷吧？可是“万花”随着我们年龄的增长凋谢了，只剩下“筒”。除非有人把它拿起来，放在眼前慢慢地转动，它才能够绚丽地活过来。自然就是这样的万花筒，只有想看的人才能感受到它与众不同的、梦幻的美。星河、空气、湖泊、草木鸟兽、灾难……就像万花筒里的玻璃片，你挨着我、我挨着你，凑在一起时壮观，一旦分开就是会被当作垃圾收走的碎片。这就是即将开始的“八堂自然课”传授的主旨：万物共生。弗格森先生的万花筒里更是绚丽多彩，那里不但有自然界的生灵，还有希腊神话、欧洲传说、北美原住民的生存之道和中国道教的养生之法。翻译的时候，我常常走神儿：补习“双缝实验”，欣赏弗雷德里克·丘奇的画作，重温《道德经》，回忆在美国国家公园的旅行，查找某种我既不认识英文也不认识中文的植物或动物的图片［你认识蓝鸲（音同“渠”）吗？］……完全沉浸在自娱自乐之中。

很多关于自然文学的书给人一种“在别处”的游离感，但这本书就像一只手，牵着我们走进大自然。弗格森先用自己的镜头诱惑了我们，然后告诉我们如何对焦自己的镜头，接着他突然说美丽的大自然不能被装在相机里，所以他又教我们如何用眼、用耳、用心……去体味。

老子说："天地所以能长且久者，以其不自生，故能长生。"弗格森说："生物相互依存，生命得以繁衍生息。"我只知道，冬天快到了，要把盆松的枯枝堆在姜荷花的花盆里保暖；多肉植物掉了一块，找一只花盆种上，过几周又可以送朋友了；把炖牛肉端上桌的时候，从花盆里剪一枝薄荷装点提味；我 16 岁大的狗用眼神告诉我，它要坐在电脑旁的椅子上；书中提及的一个名字或者一段介绍催着我买了另一本（些）书……身边的花草、朋友、宠物和整个世界就这样联系在一起，割不断、分不开。

翻译结束之时，我敬爱的舅妈去世，她将遗体捐赠给了科学研究。逝去的人以另一种方式关爱着自然，活着的人更应该为自己、为后代也为离去的人珍惜自然。

感谢把自己无私地捐赠给自然的人。

感谢做书和读书的人成就了翻译事业。

高环宇

2019 年年末于北京

前言

回家

很久很久以前，拂面的树枝是温柔的，滴水的声音是暖心的，鸟鸣如铃，蛙叫似语。它们向我们重复着一个事实：无论发生什么，每个清晨我们都依然会站在这里，生机勃勃地迎接太阳的升起。野玫瑰和无花果沾着露水，我们看到了；温柔的春雨淋在身上，我们感觉到了；我们迎接柔嫩的新枝，仿佛是我们的呼吸吹绿了大地。那时，很少有人知道生命在哪里结束，世界从哪里开始。尖叫、欢唱、呜呜声和嗖嗖声——各种神奇的声音都是在互诉衷肠。

现在看来，这一切都像一场梦。但是偶尔，不知缘何而起，这种古老的激情在我们的骨子里震颤。它唤醒了某种感觉，那是年轻的我们在睁大眼睛看世界时经常有的感觉。

我的少年时代在美国中西部、印第安纳州北部的一个小城里度过。那里盛产玉米、砂锅和钢铁，一块巴掌大的地方就有一片自然：我家房后有一个长方形的花园，大概有两个沙发相连那么大，那里是我第一次光着脚看蝴蝶和蜜蜂飞来飞去的地方。在夏天的黄昏，我带着果酱罐子在狭长的草地上捉萤火虫；在4月某个天色阴沉的午后，我放学回家走到第27街的时候，大风在枫树间穿梭，轰隆隆的雷声震得我的心扑通扑通地跳。从那时起，我和这些事物就产生了千丝万缕的联系。

大概11岁的时候，我开始骑着我的紫色自行车去西边10个街区以外的帕塔瓦米公园。公园两侧的橡树和枫树高大粗壮，我连半圈都抱不过来。公园的附近有一个温室，里面种着一棵香蕉树、一些兰花和一棵鳄梨树。温室的旁边是一个袖珍动物园，里面养着一头年老体弱的狮子、6只爱叫的孔雀和一头打着响鼻的驴子，外加一个蟑螂标本展（是真的蟑螂）。

成年之后，我用了将近40年行走在堪称世界上最荒凉的一些地方，在人迹罕至的内陆走过了 30 000 多英里[①]的土地。你也许以为这和我小时候接触大自然的方式一样，既适度又有趣。事实并非如此。这些邂逅发生在广阔的天地间：充满活力的东非大草原、人迹稀少的黄石国家公园偏僻地带和寒冷寂静的北极苔原。

萤火虫、蜜蜂和帕塔瓦米公园里巨大的橡树是我的启蒙老师，它们带我见识世界的潮起潮落。每天听到的鸟叫蜂鸣、动物打响鼻和扑棱翅膀的声音，不但勾起了我的好奇心，还让我产生了一种特殊的感觉：我就是它们当中的一员。卧室窗子下面开的菊花告诉我明媚的夏天到了；枫树上红衣凤头鸟耀眼的毛外套告诉我什么是红色；第一次听到卡尔和伊冯娜·威尔逊家的私人车道旁边的苹果树上哀鸠咕咕的歌声，我就感觉十分熟悉和舒畅。

不管你是谁，无论你在哪里长大，你都很可能是受到了自然的吸引才迈出了成长的第一步。这种吸引也许来自广阔的荒野，也许只是车库一角的蛛网，甚至是路边石缝里的蒲公英。大自然无时无刻不在召唤着我们每个人。

---

① 1 英里约为 1.6 千米。——编者注

事实就是这样的：无论你怎么想，这股魔力都没有消失，在我们永不可及的地方静静地飘浮。毕竟，在人生的不同阶段，我们只能对过往进行补充，而不能替换。无论你现在身在何处，是闹市还是家中，大自然都依然如故：坚定你的信念，激励并帮助你实现自己的目标。与此同时，我们可以从自然界获取最基本的素材，透彻地分析生命繁衍生息的真正奥秘。

这本书的主要内容是科学地揭示大自然的运作方式和我们的生活方式，利用这些发现来帮助我们更加全面地理解在这个世界上生存的意义。同时，这些篇章也讲述了大自然往我们心里注入的友善和力量，让我们跟随它们走进人类最深沉、最愉悦的心境。

* * *

20 世纪 90 年代末，我有幸结识了来自犹他州的拉沃伊·托尔伯特。他那时 65 岁，平和且优雅，喜欢刨根问底。他曾经是颇受学生欢迎的科学课教师——至今[①]还有很多学生和他保持联系——一辈子都在美国西南部的荒野

① 这本书的英文原版出版于 2019 年。——编者注

中游历。现在，85 岁的他依然赤脚走在湿漉漉的土地上，一半时间睡在卧室里，一半时间睡在星空下。在我们相处的那段时间里，他经常谈起数千年来人类是如何探索自然、顺应自然，并以此为前提改善生活的。他说他亦是如此。这些都有凭有据。

“你想啊，在自然界幸存 46 亿年的物种，当然都是最棒的！日夜围绕着你的是好得不能再好的世界。走在森林里就是走在胜利者的中间！”

他不厌其烦地给我讲一个农民的故事。有个农民一连很多年，每周牵着自己耕地的老马到赛马场和受过训练的马比赛。一天，有个朋友拦住他，问他为什么要花钱去参加永远不可能取胜的竞赛。

“你说得对，”农民摸着下巴说，“老马是没机会赢，不过它喜欢那种融入的感觉。”

接下来，你也会在书中找到极好的融入感：大自然在院子里，在公园里，在荒郊野地里，无论壮观或微小，它总在你的心里。你的存在实际上就是地球伟大的创造力和魅力的华丽体现。

这也是一本有关回家的书。回家不仅是回到生你养你的故土，比如有连绵起伏的草场和为小鸟砌的水泥水盆的乡村，林荫道旁有砖砌公寓、手工匠风格别墅的市中心，或者有谷仓、绿色拖拉机和瞪着圆眼睛的奶牛的老农场，这些远远不够。我说的家更广阔、更深厚，它能够唤醒你的自然之情，让你产生强烈的归属感，并且让你学会利用这份自然之情引导生活。

在我们忙得晕头转向的日子里——现在，我这里就是一团糟——我们很难挤出时间仰望天空、轻嗅细雨，或者聆听头顶迁徙的大雁相互催促飞往过冬之地的声音。有些事情值得我们深思：我们脱离大自然智慧的程度不仅仅是我们被分散了注意力而已，或许还关乎“我们被教育出来的思考方式”。纵观历史，大部分人相信文化、社会习俗和科学促进了世界的发展。提到自然、人类和环境的关系时，我们貌似“顺其自然”地接受了可怕的命运的安排。然而，事实并非如此。

比如，在势不可当的主流思想中，有一个钳制了我们 2 000 多年的观点，即人类立足于自然之外，凌驾于自然之上。基于这个观点，人类可以随意停止和自然的被动接触，断绝和它的联系，甚至对地球心生厌恶。

或许我们早已成为那些顽固分子中的一员，从很早以前就开始致力于研究物质世界的不变法则，借此在变化多得让人发狂的星球上控制同样变化多得让人发狂的生命。当然，人类已经称得上大显身手了。聪明才智赋予我们堆积如山的好东西：从激光到药物，从奔驰的汽车到移动电话，还有电影、牛仔裤，以及冲向火星的火箭。我们把连同自己在内的所有生命切割成越来越小的碎片，使它们彼此隔离开来，因为我们相信最终一切都将臣服于人类。

这些观点不过是管中窥豹，我们可以对其进行补充。加强和自然的联系可以让我们通过感官、情绪和直觉等方面拓展有限的知识。当然，我们也可以继续剖析、分解和预言。不过，在接受生命妙不可言、超出人类理解力之后，这些行为必然会有所收敛。我们以为科学是所有问题的答案，其实，今天的科学做得更多的是提问。大量研究第一次阐明了一个事实，即我们的世界盘根错节、充满变化。真正的理智告诉我们，根本没有单独的一棵树、一只狗、一朵太阳花或者一个人，世间万物至少不是以我们一直将其作为单独个体看待的方式存在的。我们塑造各种各样的生命形态和进程，同时也在被它们塑造，并且和它们一起分享这颗星球上的资源。

在这种转变中，最引人注目的成就是传统科学和本土文化相结合，促使科学挣脱了我们设置的禁锢。例如，在 20 世纪 90 年代兴起的非本地研究员和本地科学家共同开展研究的热潮中，哈佛大学民族植物学家肖恩·司格思泰德和北亚利桑那大学著名的遗传学教授、霍皮族人弗兰克·杜克波合作。司格思泰德说，合作拓宽了他的眼界，让他从连贯的视角认识了世界。

“当地的传统文化有助于我们发现自己的盲点，”司格思泰德说，“当地人理解的世界循序渐进、彼此相连，这和我们理解的世界有天差地别。”所以，他围绕研究内容设计了各种各样的问题。

我们通过改变提问的内容，改变了世界。

麻省理工学院系统科学家、畅销书作者彼得·圣吉指出，失去和自然界的整体联系最主要的影响是我们失去了对“相互依存”的认知。大多数人没有意识到这一点。

接受相互依存的概念，才不会坐井观天。正如科学证明的那样，一切终归都是有联系的：真菌滋养森林的泥土，泥土为树木提供氮元素，树木开枝散叶释放氧气，氧气支撑起你的生命。

* * *

若干年前，我在美国黄石国家公园里教自然文学，有幸成为修女海伦·普雷金的老师。她救助穷困潦倒的人、罪大恶极的人，甚至与埃尔默·索尼尔和罗伯特·威利这两个被定罪的杀人犯保持书信往来。他们的对话成就了她的处女作，该作品获读者称道，后来被改编成电影《死囚漫步》(*Dead Man Walking*)。我们认识的时候，她已经赢得了无数赞誉。

最后一天的集体徒步路线是沿着标本山脊步道去紫晶山。黄石国家公园拉马尔山谷展现在我们眼前，就像塞伦盖蒂草原一样壮观。山谷里有东一群、西一群正在散步的野牛；山杨林边有一小群正在休息的叉角羚；红尾鹰在风中翱翔。停下来欣赏的时候，海伦修女说了一个宗教的词语“报喜”。我以前只在教义里见过这个词，好像是天使加百列在奉告圣母马利亚她将诞下圣子耶稣的时候说过的。但是海伦说这个词的含义远不止于此。对她而言，“报喜”是追求清新和充实的生活的实际行动。

海伦选择了一个大好时机“报喜”，向这颗星球表达敬意。古希腊对敬意的定义是“反复看”。事实上，值得反复看的东西太多了，而且一旦开始反复看，世界便会重新汇聚成一个整体。

* * *

我无意间听过一个故事。20 世纪 20 年代，一个年轻有为的人类学家被哈佛大学派到加利福尼亚，为皮特河沿岸濒临灭绝的印第安文化写编年史。他花了几个月记录当地人的语言，听取他们愿意分享的每一个故事，广泛地了解他们的社会习俗。他曾经和部落的老人们一起坐在村子边的灌木丛里，向他们请教对客人——从英国和欧洲其他国家来的白人后裔，比如他的亲戚和同事——的称呼。

当时部落的长者们面面相觑，纷纷摇头。最后，经过这个人类学家的一番软磨硬泡，其中一位长者深吸一口气，然后说道：“我们叫这些人 inalladui。”然后他又重复了一遍：“Inalladui。”

不难想象年轻的人类学家一遍遍地念着这个词，是多么陶醉在它如水流一般的发音里。

“多么动人的表达啊！”他肯定这样说了。那些老人却不以为然。

“这个词的意思是流浪汉，”老人继续说，“指的是没家的人。你们这些人搬来搬去，总是匆匆路过，根本没兴趣和动物、植物、人建立联系。我们搞不懂这是为什么。我们觉得你们的身体里，有一部分死了。”

从某种程度来讲，皮特河沿岸的印第安人是对的：很久之前，我们身体里的一部分就已经死了，至少是失去了大部分维持我们精神和身体健康的必不可少的活力。正如珍·古道尔研究所得，“我们似乎丢失了聪明的大脑和心灵的联结”。现在该做的不是争论新鲜感从何而来，而是唤醒静候多时的知觉。

我们就是自然本身。

当我们认同这个无可争辩的事实，放弃“自然在那边，我们在这里”这个长期存在的错误观念时，一些最令人伤神、最顽固的问题将峰回路转。与此同时，我们将欣慰地发现从最根本的意义来讲，我们已拥有我们所需要的一切。

我们完全可以修复和世界的关系，并且在修复的过程中释放大自然千万年来形成的智慧。修复之旅就从这八堂课开始吧，一堂课就是一扇窗，既可外观，亦可内视，让你看到和你沉湎其中多年的自以为是迥然不同的现实。

第 1 课　接纳未知

调动知觉去感受世界及其奇妙之处。对大自然的宁静沉思是维持身心平和的灵丹妙药。

知识越丰富，事情就越简单、越奇妙。

——阿尔贝特·施韦泽

阿尔伯特·爱因斯坦在一筹莫展的时候（据说这种时候很多），总爱出去走走。他不去偏僻的荒郊野岭，而是去普林斯顿大学校园里特意为他保留的一片小树林，即著名的“学院林”。你也许会想，他只是去放空，和我们很多人出去走走、透透气是一回事。不过，他的故事更有趣。

据说有一次，爱因斯坦在这片熟悉的树林里突然被周围的大树和灌木、头顶的天空和脚下的草地吸引，于是停下来四处观望。虽然明知力所不能及，他仍然努力想象它们之间的相互关系。即使在他死后 60 多年的今天，我们也没能完全弄明白 1 平方码[①] 的土地上正在发生的事情，

---

① 1 平方码约为 0.84 平方米。——编者注

更不用提一片森林了。但这却是关键所在：爱因斯坦刻意挑战自己，让自己迷失，打压自己的意志，然后返璞归真。他总能在更自由、更直观的空间里找到自我。

他常常说，只有深入奇妙的大自然才能更好地领悟。

任何问题都不可能在它最初暴露的那个层面得到解决。爱因斯坦和其他很多科学家对此心知肚明。所以，他利用树林把自己抬升到更高的位置，那里少了限定，多了创意。树林里平凡的果树把他和他认为的“真正的艺术和科学的源泉”连接起来。如果必须在增长知识和与奇妙保持联系之间做出选择，爱因斯坦建议学生选择后者。

做出这种选择，哪怕只是坦然地说出这种想法，也需要具备和那个时代的主流文化完全不同的另一种智慧。爱因斯坦坚信那些认为不行或者不能这样做的人“不是死人，就是盲人”。

阿尔伯特·爱因斯坦不是唯一一个对奇妙爱不释手的巨星。在夜晚观测宇宙的卡尔·萨根表示：科学不仅奇妙，而且是奇妙的重要源头。针对已经被揭示的奇妙，他说：“当我们通过无垠的光年和分段的纪年了解我们的家园时，当我们接受了生命的复杂、美丽和巧妙时……这种奇妙是无比崇高的。”

当代物理学家、弦理论的代表人物爱德华·威滕是地球上最聪明的人之一，他在人类存在的最基础的层面看到了奇妙之处。珍·古道尔始终不赞同单纯通过事实和科学解读生命，她说：“世间有太多不可思议之事。世间有太多令人叹为观止之事。”

如果你准备重新和奇妙交朋友，那么你首先要知道它喜欢在哪里出现。其实，让它感觉像家一样的地方就是奇妙所在之地。我们幸运地生活在一个“科学惊喜”大放异彩的时代。听说蜘蛛可以借助大气中的电子飞翔，你不兴奋吗？它们用后腿支撑身体，在空气中吐丝，丝上带的负电荷推动周围空气中类似的负电荷，然后它们就飞上了天。如果告诉你，在我们的身体里，在组成人体原子的电子、中子和质子之间有 99.999 99% 是空的，你会不会打个寒战？补充一句，倘若清除这个空间，你实实在在的身体，也就是你的“实质”就会小到看不见。假设这颗星球上的每个人都把这个空间清理干净，那么剩下的部分不过一块方糖的大小。

再花点儿时间想想，你每天走在马路上，不可避免地要和大地接触。你鞋子上的电子推开街道上的电子，这意味着虽然极其接近，但是你并没有脚踏实地地走出你的人生，相反，你在飘。但是老话说得好：你永远不可能离开地球找到太空的边界。即使以10万英里的时速计算，跋涉10 000年，你也不会有丝毫的进步。

我们全在这儿，你不觉得这才是最不可思议的事情吗？假设宇宙中的引力只大一点点，受重力而成的星球就会小很多。我们的太阳可能只能再亮一两万年，在人类和其他生物还没有机会逃生的时候就熄灭。反之，如果一颗原子里中子汇聚的力量减弱一点点，宇宙中就不会有现在的化学物质；没有这些化学物质完美的排列组合，就没有生命的出现。

当代生物学家、物理学家、药学家和生态学家没有像17世纪早期的科学家那样逃离自然，而是纷纷表示大自然魅力无穷，他们带领我们不断地感知越来越不受控制的宇宙万物。尤其是最近几十年，科学家不再渴望不变的事实，反而开始迷恋大自然的奇妙和自然界生命的变化。他们每一天都在向我们展示，这种生命是多么充满朝气和活力、多么生机勃勃。

* * *

现代科学的发现对人类知识的急速增长来说是一件大好事，它是和奇妙交朋友的第一步。但你并不能看到奇妙的正脸。这就像看暗淡的星星一样，要稍稍偏一些，从侧面看过去才行。换句话说，窍门就是充分利用觉察力。

只有意识到大自然热衷于让天地万物此消彼长，我们的觉察力才能增强。哲学家尼尔·埃文登将这种奇妙之事往来穿梭、消失和出现的现象形容为“交换的节奏”：一种事物在说，另一种在听；一种事物触摸大地，另一种腾空而起；一部分减弱，一部分增强；一个死去，一个新生。

如果把这种交换的节奏和古希腊对自然的定义 phusis，即“自生”联系在一起，那么我们就可以把自然想象成没有停顿和结束的交响乐，在恢宏的节奏中，日常生活只是比较显眼的几个音符而已。其实，你之所以能够好好活着，和“天地万物”的关系并不大，而主要取决于和你骨肉相连的那份节奏。这是令人难以置信的相互关系，它让你从里到外每天都不一样，你的身体和你的周围时时都在改变、新生和死亡。

* * *

如果世界只是一条“不可能两次把脚放进同一个地方”的大河，那它为什么这么难以被看清楚呢？首先是因为，当阿尔伯特·爱因斯坦、珍·古道尔和卡尔·萨根在不可知中培养自己的觉察力并获得启发的时候，上流社会的主角们正在忙着整理壁橱。其次是因为，最擅长收拾壁橱的一些家伙出来干预了我们的教育体系。绝大多数的学校照本宣科，折断了孩子们好奇的翅膀。如果用音乐来解释，可以说这相当于学校发给乐队成员每人一根小棍子和一个塑料桶，然后让他们敲敲打打。可是事实上，他们是为伟大的钢琴而生的啊。

当然，并非所有的教育都是这样的。我们在有意培养好奇心的那段时间里，有过不同的举措。比如，在1910—1920年，美国一些离开农庄而走进城市生活的人想让孩子们知道食物从何而来，于是发起了在学校修建菜园的运动。结果远远超出预期，竟掀起一阵狂潮。它就像现在的“学校花园运动”一样，意在激发孩子接触大自然的天性。这是好奇心的摇篮，而好奇心是培养批判性思维的基础。

日久天长，孩子们肯定会发现：某种蝴蝶只拜访花园里的某一种花，只有嘴长的昆虫才能吃到花蜜。但是在此之前很久，他们看到的只是蝴蝶扇动着颜色像黄昏和秋叶的柔软翅膀翩翩起舞。接着，他们迫切地想要多看一些。多看是学习的起点。正如生物学家蕾切尔·卡逊所说，在引导孩子的过程中，让他去感受比让他知道更重要，这将事半功倍。

“如果现实是知识和智慧的种子，”卡逊说，“那么情感和知觉则是种子生长的沃土。”

她说得对。以前是对的，现在也是对的。美国研究学会近期的调查表明，参加户外课程的孩子的科学课考试成绩平均提高了27%。

说到自己，我还是挺幸运的。我家有一个小院，种了一些树，我有几位好老师。我有的东西越来越多了。等到16岁的时候，我已经能够把外面的世界讲得头头是道。我会带你去我妈妈种了6排豌豆的小菜地，用一把小铲子挖开土，让你看盘根错节的小肿块和小结节。多亏了我的科学课老师朗格内克先生，我才能告诉你那些小结节是另一种生命体——细菌的作品。细菌保护土壤里的氮元素，而氮元素是极好的肥料。然后我们可以讨论一下细菌是怎样通过豌豆叶子里的淀粉和糖大量繁殖的。天气转凉的时候，那些叶子开始喂养蚜虫，蚜虫供养瓢虫，瓢虫养育知更鸟，知更鸟在夏天的清晨站在枫树上倾情歌唱，将我从睡梦中叫醒。

到了 20 岁、上大学三年级的时候，我能告诉你的就更多了。如果看见蚂蚁在妈妈搭的西红柿架上爬上爬下，我一定会兴奋地告诉你，树木，尤其是干旱地区的树木是如何雇用蚂蚁做保镖的：鳞翅目昆虫吸取叶子里的糖浆作为晚餐——这样做并不伤害树木——然后把它们不需要的部分排泄。蚂蚁围着昆虫排出的糖大快朵颐，于是心甘情愿地赶着自己的“羊群”，围着树把它们不停地从一处移到另一处。昆虫高兴了。蚂蚁高兴了。蚂蚁自愿承担起保护大树的责任，对企图在树上安营扎寨或者偷吃树叶的入侵者毫不留情，于是树木也高兴了。

我如今可以侃侃而谈，不仅要感谢有益的书籍和出色的老师，更得益于我小时候收获的那些感动：郁金香和天竺葵的颜色和形状让我沉醉，大黄蜂笨重的飞行让我痴迷，印第安纳的一场雨后，涌出地面的爬虫在蠕动时留下的曲线和毛毛虫一拱一拱地前行让我喜不自禁。

* * *

有机会请在大树下坐一坐，或者在漆黑的夜晚仰望满天繁星，又或者只是在花园里蹲一会儿，什么也不做。在这样的时刻，你通常可以摆脱自我，进入奇迹的王国。

你要先静下心来。这也是爱因斯坦进入“学院林”的第一个动作：深呼吸，然后平静地凝视周围的生命。坦率地说，如果你每天像我一样，感觉被卷入了一条大河，有还不完的债和理不清的事，那这种宁静的冥想对你而言，可能比对爱因斯坦来说更困难。极端的安静可能会有点儿让人不舒服，你仿佛推开了一扇通往困惑的门：有些黑暗，有些混沌。有时候，安宁和平静与“必须做一些别的事”的焦虑会同时出现。但是请记住，即使只静心感受 15 分钟，也可以减少焦虑。静心能使我们和世界产生更深层次的交流，让我们暂时把唠叨、渴望和糨糊一样的思绪束之高阁。简单地说，奇妙是远离喋喋不休的世界的。

你可能不记得了，当你是个小娃娃的时候，你还很擅长这种专注的凝视。你天生是个有经验的学习者，不需要把所看、所听、所感装进别人设定的盒子里。站在枫树摇动的枝丫下，你可以把世界聚拢到一起，不只是树枝、树叶和树干，还有小鸟、松鼠、蚂蚁、风声和在树叶上跳动的光点。自然会让你流连忘返。那时，阻隔你和世界的墙壁还很薄，你的心也没有受到根深蒂固的、要把人类从周围万物中剥离出来的文化的影响。每一处风景都以最精彩的方式帮助了你这样一个正在观看周围世界的孩子。现在，你可能觉得那个孩子早就走远了。但是世上没有绝对之事。人在一生中会不断积累知识，不断反思过去，不断成长。被好奇心驱动接近世界、跟随新奇的感受而非理智的引领的能力，一直在你触手可及之处。作为一个成年人，你甚至更胜一筹。你可以有意识地在生活的各个层面调动内心的感受，增强满足感，增进和别人的关系，然后将这种与生俱来的好奇感凝结成一种更深入地概括、分析世界的能力，即觉察力，那是一种被现代生活的诸多需求掩盖的智慧。

调动知觉

回到 20 世纪 70 年代我在落基山脉的荒野自由自在地闲逛的时候。那时，我发现自己总是走走停停，闭上眼睛倾听风声。事实上，我已经成了风的鉴赏家。无论是在爱达荷州的索图斯山，还是在轮廓分明的堤顿山脉之中，我都能听到风的呼吸声：清晨吸气刮过山谷，下午吐气穿行于高山草甸。还有在冷暖之间四溢的风，它在与树枝、树叶和树干偶遇时带出各种声音：美国黑松闷声低吟；道格拉斯冷杉长吁短叹，发出波涛般的声音；山杨树的叶子像溪流一样哗啦啦地响；斑点桤木的声音截然不同，像从天而降的骤雨；低地的灌木发出生硬的嗖嗖声，麦草发出满足的沙沙声。在冻土的边缘、接近世界顶点的地方，我听到了亚高山冷杉的演奏：迎风的枝条被狂风扯断的声音和背风处的枝条扭转缠绕的声音。

以这种简单的扩展方式入门之后，我开始倾听各种声音：红松鼠咬掉的松果跌跌撞撞地穿过松枝，落在铺满松针的地上，发出轻微的钝音；远处，彼此摩擦的粗大树枝既有温和的吱吱声，也有诉苦的呻吟声；滴水穿石的声音；乌鸦展翅从头顶飞过的声音。

然后我开始培养触觉。溪水旁，贴着皮肤的空气冰凉湿润；落在眼皮上的阳光暖洋洋的；我用指尖划过老橡树开裂的树皮，抚摸山杨树和纸皮桦像涂了一层粉末的光滑树干；我光着脚踩在凉爽露水浸润的青草上。

大自然的气味不胜枚举：美国黄松的树皮散发着香

草的味道；夜来香和山梅花的芳香持续不散；松针带着胡椒味儿；鼠尾草的气味刺鼻；大雨过后的草场的气味沁人心脾；玫瑰、草木犀和蒲公英的叶子各有独特芳香。闭上眼睛，各种气息扑面而来，那种感觉就像周日早上，凑近刚煮好的咖啡或者刚出炉的肉桂卷闻到香气时一样。

大自然有这么多值得去听、去闻、去触摸的东西，但是大部分人只知道去看。秋天，我们除了沉迷在森林琥珀色的日光里，追踪着鸟儿飞往夜间栖息地的路线，还能做些什么呢？我们会不会对轻盈地跳过篱笆墙和拦路大树的小鹿赞不绝口？会不会对夏天的云海翻腾心生敬畏？提到奇妙事物，人们似乎总是倾向于依靠视觉发现。这叫作抱残守缺。

* * *

古希腊人最先给人类的觉察力套上了束缚。

让我们穿越回古希腊的雅典城：那是一个春光明媚的日子，你走在一条鹅卵石路上，路两旁是被精心照料的狭长花园，盛开着苹果花、墨角兰和百里香。在前方拐一个小弯，走下石阶，小剧场里一群热情洋溢的年轻人簇拥着德高望重的学者阿那克萨哥拉，你正好听到一个学生开门见山地提问——就像往常一样，带着如饥似渴的求知欲和年轻人特有的鲁莽：“人为什么而活？”

阿那克萨哥拉毫不犹豫地回答：“为了观看。看天空、星星、月亮、太阳。”

古希腊的学者观看了太多太多的东西。他们执着、专注地看出了各种奥妙：推测月食的成因；预测流星、闪电和彩虹；观察水流，并且利用它来驱动从磨坊到管风琴的一切。为了找到真实可信的证据，他们看得入木三分。事实证明，这种目的明确的观察是获得伟大成就的基础。现代科学家也热衷于此。古希腊时期的阿那克萨哥拉坐在石阶上给学生讲课，一个世纪后，亚里士多德宣布人类最完美的存在体现在“theoretical life”（“theoretical”一词源于希腊文“theoria”，意思是“看”），即理论思辨中。确切地说，这个“看”是聚精会神且孤立地、置身事外地看。

我们继承了这种特殊的观察方式，固执地相信孤立地看待观察者和被观察者就是所谓的“客观注视”。这意味着一刀两断，意味着禁锢。

虽然这种方法的收益毋庸置疑，但现代科学还是理智地质疑它的全面性，这是一个非常好的消息。我们经历了漫长的时间才承认客观事实并不是全部。

假设在阳光明媚的清晨，一个3岁的小女孩发现自己站在一棵以前从来没见过的大松树下。古希腊人和追随他们理念的现代人会说，她通过这种直接的、外在的注视认识了一棵树：这棵树比周围的树高，但是比她家前院的树矮。

但是，现在我们知道某些不寻常的事情发生了。她不仅观察了世界，而且很可能下意识地把树和自己进行了比较，进而感受到了树的挺拔和高度。换句话说，她不仅获得了大脑的认知，还激发了整个身体的认知。

她把自己和大树联系起来之后，大脑里出现的不再是“客观注视”所呈现的可以和其他大树进行对比的图像，而是包含多重感觉的信息包。20年后，这个从松树上搜集的信息包在适时的触动——也许是树汁的气味，也许是她抬头仰望另一棵树的高枝的瞬间——之下变得鲜活起来，为这个少女带来一种莫名的心旷神怡且错综复杂的感觉。

我们的思想非但没有像古希腊学者所说的那样和身体分离，反而有时是被身体驾驭着的。这是一个非常有意思的观点。把身体放在大自然里，调动你全部的感官和知觉搜集各种信息，这些强大的信息包在以后的日子里将带你走上一条与众不同又妙趣横生的路，感受世界及其奇妙之处。

经常闭上眼睛去摸一摸、听一听、闻一闻，甚至尝一尝，可以减少视觉依赖，因为嗅觉、触觉和听觉比视觉所受到的约束力小。当我们闭着眼睛，鼻子靠近一朵野玫瑰的时候，我们不会想到这是一个闻花的人和一朵被闻的花，而是欣喜地沉浸在这种和谐的氛围之中。

让思绪流淌

这里是秋天的森林。你知道这种感觉吧：夏天已逝，冬天还未到访。世界不停地呼着气，宁静地享受着淡淡的忧伤。也许在这一刻，你能回想起穿运动衫的幸福时光：玩接球游戏或者被埋进落叶堆。如果你和我一样是个怪人，那么也许你会急着找出秋天的味道从何而来：真菌和细菌如何斯文地吃掉落叶？冷空气如何淡化大地上此起彼伏的其他气味，偏偏让这股怀旧的腐烂味脱颖而出？

任何一次回忆都是开心的、有趣的、让人心满意足的。但是下一次当你在外面，这些想法再出现的时候，看看你能否做到欣赏片刻就放手让它们离去——像蒲公英的小绒毛一样随风飘远。看看你能否放弃琢磨自己，转而思考生命，高瞻远瞩地感知世界。

错误的选择

几年前，我在蒙大拿州的一个小镇上的咖啡馆里和一对夫妻一起喝咖啡。他们年近半百，经营着自己的牧场。那天，那个丈夫有点儿偏执，气哼哼地数落如潮水般涌入当地的外乡人。

“他们爱上了开阔的户外生活，”他抱怨道，“但是，他们从来没有停下来想一想，因为有农场和牧场才有了这开阔的空间。他们搬过来，接着就开始抱怨田里的尘土和响着铃铛的牛群。真是一群疯子。”

他的妻子看着他，摇摇头，说：“有些人是这样的，但不是每一个人都这样。你这么说只是懒得思考。”

“不是懒，”丈夫说，“是讲究效率。”

她说得对，但他的话也不无道理。现在，很多有关大脑的研究发现，大部分人对这位牧场主所说的低能耗思考推崇备至。我们总是偷懒地选择简洁或者非黑即白的表达方式，在和世界观相同的人聊天时更是如此。我们给所有的东西分类，包括人，好像他们具有某种突出的共性。殊不知，万物有别，事事复杂。其实，这样分类是盲目的。

有时候，这种做法被称作“分类强迫症”，是由我们根深蒂固的“二分法”思维造成的：开放的或者保守的，聪明的或者无知的，敏捷的或者迟钝的，简单的或者华丽的，黑或白，好或坏，咱们或他们。

究其根由，这种习惯性思维出自大脑额叶。额叶相当乐于助人，它能帮助我们发现工作中的问题，然后集中大家的智慧解决它们。白天，它可以让我们回想起昨天会议上的发言，让我们着手安排工作；晚上下班回家，开车堵在汉普顿大街上的时候，经验告诉我们向北的十字路口很可能已经水泄不通，这时，额叶会做出改走马丁·路德·金大道的决定。额叶帮我们把世界分割成块，将那些需要马上关注的事情置于相对孤立的位置。

就连动物也会这样做。梅尔文是一只猫，它曾经惹怒了隔壁的斗牛犬汉克，虽然只有一次，但是它长记性了，之后每次看到汉克都跑得像出膛的子弹一样快。梅尔文把汉克归为“危险品”，所以和它保持距离。同样地，领教过猎人和陷阱的狼群也学会了在人类出现的时候更加谨小慎微。相反，如果你的姐姐每次来你家都会给你的金毛寻回犬（狼的远亲）一点儿好处，那么我保证，她一进屋，你的狗就会立刻跑到她身边。狗把你的姐姐——也许还有和她在一起的所有人——都归入喜欢请客的好人堆儿。效果不错。分类源于确定，它体现在你、你的猫或狗，还有狼群不需要浪费时间和精力考虑的事情上。

虽然分类大有裨益，但是当我们将它用于我们完全不能确定的事情时，它也会瞬间失去意义。生活中随时可能出现奇怪的事情，这些事复杂难懂、结局难料，给人无限希望，可又缺乏确定性。而分类需要的恰恰是界限清晰。

太多的分类思维屏蔽了生活中的一些野趣，这难免让人感到不爽和忧伤。剑桥大学的心理学家约翰·蒂斯代尔发现，带有“绝对论、二分法思维方式”（也就是我说的分类思维）的病人极易患上抑郁症。与此同时，英国雷丁大学的神经系统科学家们发现在语言中使用绝对性词语——比如“你总是”、“每次”或者“从来不”——的人可能承受着精神压力。科学家们在线创建了以个人抑郁和焦虑为主题的心理健康聊天群，其中被调查的 6 400 人使用绝对性词语的比例比大众高 50%。在以自杀为主题的聊天群中，被调查者使用绝对性词语的比例比大众高 80%。

由分类思维和二分法思维主导的生活脆弱易碎、了然无趣。正如哈佛大学的化学和物理学教授埃里克·赫勒提醒我们的那样："你要谨慎地选择解释世界的方法。因为它本来就是那个样子的。"

* * *

摆脱分类思维和二分法思维的最好方式就是到大自然中去。走进森林后，虽然我们习惯性地认为小鹿、老鹰和草莓是好的，苍蝇和蚊子是不好的，但是任何一次真正的探究就算不能让我们喜欢上虫子，也至少可以让我们感觉到越来越多的变化。苍蝇是包括兰花和延龄草在内的所有植物的主要传粉者。另外，作为生物分解者，它们绝对是"起死回生"的大师。苍蝇能吃掉很多蚜虫和飞蛾幼虫，所以说苍蝇肩负着全世界农作物丰收的重任也不为过。再看看蚊子，它养育了鱼、蜥蜴、鸟、蝾螈等万千生物。同时，烦人的蚊蚋的亲戚是可可树的主要传粉者。消灭一只蚊子可能意味着：啪！又少了一块巧克力。

蜂鸟好，八哥坏；金花鼠惹人爱，大老鼠（不包括卡通形象）讨人嫌。但是，当你仔细观察大自然的杰作时，你会发现这些都是无稽之谈。难怪在遥远的古文明中，人们很早就意识到这种对立，比如好对坏、宠物对魔兽，是心神俱损的表现。

你不必爱上苍蝇，但是不妨了解一个事实：苍蝇（以及蒲公英、狼、臭鼬、杂草）的体内含有和你我体内一样的蛋白质；苍蝇的出现和你我一样有着生命的偶然性；苍蝇像你我一样深奥、复杂。进森林前喷防虫水，随意地拍死一只苍蝇或者蚊子，这样就可以控制自己不去想象世界的另一副模样吗？到了一天结束的时候，我们依然会不由自主地去想象那个世界。

大自然还有反驳二分法的其他方法。装扮地球的植物绝大多数是雌雄同体。院子里的某些草、百合、玫瑰、南瓜、玉米和黄瓜都是两性体。还有种类数量惊人的鱼、水母，以及帽贝等贝类生物可以根据种群需求随时转换性别。此时，必须雌雄分开的二分法不攻自破。就像我们拥有的其他错误观念一样，二分法在阻隔我们和世界的墙上又添了一层砖。

漫步在荒野中观察自然的时候，我开始迷恋中国古代的阴阳学：两个蝌蚪形的图案首尾相拥，一黑一白，一阴一阳，被一个象征着生命的圆圈围绕。阴阳不是对立的一和二，而是互补的一对。它们合在一起的收益远远大于一加一的效果。所以，在黑色图形中有一个白点，在白色图形中有一个黑点，这两个点看起来有点儿像眼睛，表达了你中有我、我中有你的事实。最后，在圆圈的正中，两个图形相接的曲线就是平衡的位置：古人说，对奇妙的大自然的宁静沉思是维持身心平和的灵丹妙药。

时机

现在是7月中旬，如果你和我一样生活在北半球，那么想在麋鹿过冬的领地上遇到一群狼简直是痴人说梦。因为狼最主要的食物来源——麋鹿此时正在几英里外的高山草场上。同理，你也不可能在4月去采摘黑莓，在寒冬腊月不辞辛苦地撒网捕捞产卵的鲑鱼，或者引诱蜜蜂在百花含羞的时候为你采蜜。

我们在信息飞速传播的世界里度日，次日达的物流，以及越来越多的电影、电视节目、播客和音乐让人应接不暇。我们在几英里外的公路上掏出智能手机，就能开启家里的暖气；在收拾杂物的时候停下来，动动手指，就可以安排一场晚间的约会；在候诊室翻阅最新的杂志时，医生拿着我们的X光片和2 000英里外的专家通过视频讨论病情。简单地说，智能科技已经可以随时满足我们的大部分需求。

我们可以利用和时间的关系重新找回大自然的乐趣，即把“在那儿”让人愉悦的神奇带到“我这儿”来。艾奥瓦州立大学的地理教授辛齐亚·塞瓦托说过，钟表的发明的确是一件大事，但只能算中世纪的大事，它“让数字单元看起来比现实生活更可信”，从而极大地改变了我们的生活体验。这也是我们，至少是很多人感受不到奇妙的重要原因。

大自然可以发生迅猛的事件，比如地震、火山喷发、闪电、野火、洪水，但自然界的形成过程是缓慢的。海岸红杉从在倒地的原木上冒出嫩芽算起，需要经过 1 000 年才能长成 500 多万千克的参天大树。河流经过上千年才能冲刷出入海的新河道。巍巍群山在部分上升的同时也在部分坍塌，几百万年过去了，有的山体在一寸一寸地抬高，另一些山体在逐步降低。我行走在黄石国家公园东北边缘蜿蜒起伏的高山冻原上，再一次被脚下的泥土震撼，它每积累一寸都要经过千年的磨难。

太空中的时间像是打着哈欠、伸着懒腰似的慢吞吞地流逝。当我们仰望夜空的时候，那璀璨的星空早已过时，它来自几十年前还是几百年前取决于星光到达眼睛的时间有多长。融入大自然有助于我们从容地接受原始的生长节奏，让我们暂时脱离钟表上的时间，感受一下大自然的时间吧。

大自然的时间是指这个星球从形成到发展的进程。想到科学家接受这个时间概念只有 250 年左右，实在令人咂舌。在此之前，大部分人认为地球大概 6 000 岁，生命在经历了神明安排的一系列灾难之后开始在地球上繁衍，每一次新生就是一个新时代。更准确地说，17 世纪的爱尔兰大主教詹姆斯·乌雪根据《圣经》推算出地球恰好在公元前 4004 年 10 月 23 日被创造出来，那是一个星期天。

但是到 18 世纪末，苏格兰出了一个执着的业余地质学家，他叫詹姆斯·赫顿，此人想得可完全不一样。他花了好几年研究家乡的岩石，结果发现石头被缓慢地侵蚀之后，沉淀物在压力和温度的作用下还能非常缓慢地变回岩石。他笔下的地球是一个循环往复、不断重生的圆，正如他自己描述的那样："没有起点的遗迹就没有终点的希望。"现在我们知道他是正确的，但在当时，甚至在他的研究结果公布很久之后，他的观点一直让人惶恐不安。

有些人认为他的理论骇人听闻，指责他是异教徒、无神论者，但是有些人却欣喜若狂。和赫顿同时代的数学家约翰·普莱费尔形容自己在找到机会遥遥回望时间的深渊时，感觉“飘飘然”。感谢赫顿的突破性发现，让我们对浩如烟海的造物方式有了更广阔的想象空间。

让我们的思想也坠入时间的深渊，去了解一下我们行走其上的这颗星球吧。它经过数十亿年巨大的地质变化，不断地赋予自己新的生命和活力。时间的深渊是一个先被我们遗忘，而后又极大地丰富了我们的认知的好地方。让我们的想象力在这无边无际的深渊里飞向更奇妙的世界吧。

既然飞到了奇妙的世界，我们就从没完没了的瓢泼大雨开始观察好了。雨过天晴，鸟儿在曙光中站上枝头，唱醒了不知道多少个清晨。月亮圆了又缺，潮水涨了又落。40多亿年周而复始，推着你走进充满奇妙事物的世界。在你流连忘返的时候，你会发现自己越来越频繁地关注自己的小节奏：一天中精力的变化，然后是一周，再到一年；饿了、饱了；运动、休息；社交的吸引力和独处的舒服感；脖子和手腕处纤细的脉搏；孩子们在成长的身体；呼吸的声音。如果你有幸看到美丽的事物从青年期步入中年期，然后从中年期进入老年期，请心存感激。

* * *

我快 30 岁的时候，身患癌症的母亲卧床不起。大概有一个多月的时间，她虚弱得抬不起头。但是有一天早上，我坐在她的床边，她的精神突然好了一些，对我说她想出去。于是我小心翼翼地抱着她走到院子里，在外面待了 20 分钟左右。一开始，她闻到了丁香花的香味，然后她的目光追随着一只从喂鸟盆上方掠过的北美红雀进入树林。最后，她抚摸了枫树和山茱萸的嫩叶。

当时，我们几乎没说话，但是她那天与众不同的优雅产生的奇妙氛围在小院里蔓延，这种氛围像光一样照亮了即将吞噬她的黑暗。当天下午，凝固在她脸上许久的痛苦表情奇迹般地消失了，取而代之的是我从来没有见过的安详。第二天早上，她告诉我们，她要停用已经服用了好几个月的大剂量镇痛药和吗啡。几天之后，在夜深人静的时候，她走了。

后来，我向一位著名的荣格学派分析师讲述了母亲在我怀里的那次短暂而温情的“旅行”。分析师对我说，荣格认为有时候人能够在神圣的仪式中体会到强烈的神秘感。这种神秘的体验通常是心理健康的福音，它能够激发潜意识，从而成为治病的良药。

“现在，你想一下，”分析师说，“你母亲的小院里遍布人类最初在（宗教）仪式上使用的东西，比如树木、鲜花和小鸟。”她让我极力想象沉浸在这样的大自然里的感觉。我放飞思绪，感受到生命轮回、川流不息的喜悦。虽然只有几秒，但我真实地体会到了这种能把我们联系在一起的神奇力量。

在经历某些重大创伤，比如亲人去世的时候，我们很可能在痛苦中突然发现某些奇妙的东西近在咫尺。当然，我们不能只在悲伤中结交奇妙，还应该学着在怀疑、焦虑和失落以外的日常生活中感受它的气息。

探索奇妙的旅程应该从即刻扬帆远行开始，不顾及头顶的天气，也不在乎船下的鱼群。有大约十万年，人类差不多都是以现在这副模样到处游荡的，而大自然则在这段时间里播下种种神奇。虽然我们已经理智地把大自然的很多奇珍异宝，尤其是那些不能失去的保护起来，但是如果我们的目标是唤醒本性中对宇宙万物的慈悲之心、对世界的感悟之心及与世界的联结，以享受归属感带来的深层喜悦，我们就需要和万物融为一体。

第 2 课 相互依存

没有生命可以摆脱巨大的、充满活力的关系网。大自然是我们的靠山。

一只鸟被杀死了，随鸟而亡的是歌唱，随歌唱而亡的是杀死飞鸟的人。

——俾格米人的格言

故事发生在近400年前的荷兰。那是一个寒冷的夜晚，冷风刺骨，雪花纷飞。尽管如此，乌得勒支大学庄严的报告厅里还是挤满了学生，他们缩在马甲里热切地期盼着“全世界最有知识的人”开讲。这个人就是勒内·笛卡儿，作为哲学家和数学家，他已经声名远扬，不过今夜，大家是冲着他作为“科学的播种者”的威望而来的。他是一个凭借孜孜不倦的理性探究可以领悟宇宙奥妙的智者。

讲坛四周的鲸鱼油灯忽明忽暗。一个穿着黑袍的教授昂首阔步地走上台，让听众安静，并激动地宣布才华横溢的勒内·笛卡儿即将改变他们观察世界的方法。教授还提醒听众，讲座的内容可能会让某些人目瞪口呆。然后，他就挺起胸膛退场了。5分钟过后，带着贵族气质的笛卡儿像散步似的走上台，一只无精打采的黄毛狗跟在他身后。他命令狗趴下，于是狗便趴在讲台前面，把头放在两爪之间，目光越过油灯，凝视着远处的黑暗。

笛卡儿像分析钟表的齿轮和弹簧的工作原理一样，透彻地讲解了世界的运转方式。讲到一半的时候，他突然停下来，抬起一只胳膊，伸出食指指着房梁，神圣地宣布天下只有人类可以破译创世的秘密。他说，人类独领风骚，我们被选中不仅仅是因为其他物种智力低下，而且是因为它们没有情感、思想，甚至缺少身体感知的能力。

他一边说，一边绕到讲坛的前面踢了狗一脚——恶狠狠的一脚。

狗尖声吠叫了一声。

听到听众席传来倒吸气的声音，笛卡儿摊开手掌，像个慈父那样面带微笑。

“我可以肯定地告诉你们，”他应该是这样说的，“近代研究已经确定，地球上除了人类，没有其他生物能够感觉到疼痛和恐惧。你们刚才看到的只是无意识的身体反应。因为它的神经系统不完善，所以它不会感觉到不舒服。”

然后，为了强调这个观点，他又踢了狗一脚。

***

勒内·笛卡儿是西方历史中最伟大的人物之一，是众所周知的“现代科学之父”。我们虽然对他在人山人海的听众席前踢自己的狗的行为感到震惊，但是对这一荒诞行为背后的主导思想推崇备至。相当一部分人笃信人类具有优越性，生物应该按其价值被分成三六九等，没有什么可以与人类相提并论。长久以来，我们认为自己是宇宙的中心，卓尔不群，而组成宇宙的零部件已为我们所知，皆可为我们所用，似乎大自然不是一个有机的生物体系，而是一台机械装置。约350年前，艾萨克·牛顿曾经说上帝是“技艺高超的工匠”，这句话直到现在都仍然被很多人津津乐道。

像笛卡儿和牛顿这样的人提出的观点既独具慧眼又刻画入微，虽然事后让人感觉过于绝对和自信，但这样的世界观并非突发奇想，它在大约1 500年前的确曾经大放异彩。追根溯源，还是古希腊人。他们孵化了这样一个理论，即宇宙万物逃脱不了“终极真相”，若要找出这些真相，就必须依靠绝对的理智和客观。

对古希腊人而言，所有关于自然运转的问题永远只能有一个标准答案。如果你想要了解世界，却不能得到所谓的标准答案，即不可撼动的唯一真相，那么就是你的提问有问题。为了获得大自然的“终极真相”，你需要把注意力定格在“那里”，运用智慧对事情进行分类或者分解。笛卡儿和当时的某些人一改知识分子的坐而论道，用一些惊人的数学方法身体力行地推动了这种分类方法的发展。如果你不能置身事外地把一个东西固定在时间和空间之中，给它划定清晰的物理界限，那么它就是不存在的。

17 世纪时，伽利略说过，要想发现大自然“真正的”特性，就必须以人类不存在为前提对自然界进行观察。这种语气有点儿像古希腊人。了解天地万物和个人体验毫无关系，只有超然物外才能获得智慧，而数学则是这些事物的性质最好的表达方式。宇宙的“真实”只建立在可以被客观地研究、测量和预测的基础上，这句话不无道理。伽利略正是利用这种方法创作了著名的《星际使者》一书，他在书中描述了通过自己制作的望远镜看到的月球上的山峦、宇宙中数百颗过去用肉眼看不到的星星，甚至木星的卫星。伽利略不但扩展了人类的认知，而且在此过程中播下了无尽奇迹的种子。

然而，过度关注独立的物体，让我们越来越相信世界因某种“结构”而存在，从而削弱了我们感知动态关系的能力。这将导致——或者说正在导致——我们无视大自然最重要的一个基本特性，即没有生命可以摆脱巨大的、充满活力的关系网。

* * *

我在小学和中学的科学课上学会了早期科学观察世界的方法：尽可能多地熟记每种事物的细节和特征，从植物细胞到青蛙的心脏，积少成多。感谢我的大学以当时方兴未艾的“生态学”为重点，为我们提供了更前沿的课程，研究事物彼此间的关系。从此，只要走进树林，我就会想到“生态”，日久年深，我就对大自然生出一种细腻的、无法摆脱的情结。

从我父母在印第安纳州南本德的小房子出来，穿过米沙沃卡大道，然后路过努内尔小学（Nuner Elementary School）的绿茵球场，就到了一片老林子。那里离我父母家大约有 10 个街区，靠近水流湍急的呈巧克力色的圣约瑟夫河。一切都和小时候一样：我看见铃兰和野生甘草在脚下恣意生长；我听见黄鹂和雀鸟在头顶婉转歌唱，红衣凤头鸟在枝头抖动翅膀。混杂在一起生长的老橡树和枫树最让我印象深刻，有些大树的树干是你和我手拉手也抱不住的。

大四那一年，我经常到那里去，只为和树木待在一起。那时全球变暖是个热门话题，如果碰巧刚上完环境科学课，我就会为这些树储存的碳而对它们高声大喊；如果我当时正在读达尔文的书，我就会反复默念：圣约瑟夫河岸边的古树在剑齿虎和42英尺[①]长的鲨鱼存活的年代破土而出，是经历了大约2 500万年进化历程的物种。

有时兴起，我也会以更古怪的方式看待我的老树朋友们，比如以祖先的视角，带着梦想、慰藉和神秘感观察它们。大菩提树是佛祖顿悟的地方；笃耨香树低垂的树枝是亚伯拉罕迎接天使的地方；宙斯通过大橡树向人间传达神谕；美国梧桐据说是亡魂的营养品，所以梧桐木被做成棺材，陪埃及的法老们躺在寂静的金字塔里；来自易洛魁族神话的巨人格鲁斯卡普的足迹遍布缅因州的森林，他射箭劈开树干，解救了人世间的第一批男人和女人。美国的

---

① 1英尺约为0.3米。——编者注

风景画家曾经钟情于橡树——美国的国树，他们说那是新世界民主和自由的象征。其实，我们所有人都被大树的故事连在一起。

* * *

随着年龄的增长，森林在我眼里越发绚丽多姿。一部分原因是科学突飞猛进，被知识点亮的森林像在神话和传说中一样引人注目。我们知道，针叶树的基因组几乎比地球上其他任何生命的基因组都更庞大和更复杂：我们路过城镇的广场时，与我们擦肩而过的大云杉是安静地存活了几亿年的物种，它携带的遗传物质比人类的多 7 倍。有些树木超级长寿：不仅有加州的狐尾松（它们已经活了四五千年，这意味着它们早在石器时代就已发芽），还有犹他州占地 106 英亩[①] 的“潘多”白杨林。“潘多”是这颗星球上已知最大的生命体，据推测已经达到 8 万岁高龄。它开始生长的年代差不多是人类离开非洲、进行史诗般的迁移，在世界各地定居的时候。

更主要的原因是：森林是我们从大自然获取经验的

① 1 英亩约为 4 047 平方米。——编者注

特殊通道。它能够出其不意地让你一眼就看出什么是相互依存。此时此刻，在圣约瑟夫河岸边的橡树林里，人们正要弄小伎俩，利用风媒激素在树木之间散布害虫的信息，以此帮助大树的茎叶建立联合防御的体系。一些正在被毛毛虫咯吱咯吱啃的大树向附近的黄蜂释放信息素，黄蜂在接到信号后会嗡嗡地飞过来产卵，它们的后代就会吃光祸害树的毛毛虫，大树因此得救。受到同样骚扰的苹果树则采取快刀斩乱麻的方式，直接释放化学物质，迎来以虫子为食的鸟。这种利用化学语言展开的环保式对话在空气中回荡，从北极低矮的桦树到南美的热带雨林，从中国的山区到美国田纳西州的高尔夫球场，传遍全世界。而这种环保式对话所蕴含的数百条信息，人类才刚刚开始解读。

现在，该说说土壤里让人惊艳的大事了。其实，森林中的这些树盘根错节，它们的根被另一种完全不同的生命体——菌根真菌连接在一起。从几百万年前开始，森林和真菌就相互依存，始终密切保持着互惠互利的进化关系，但真菌的出现大约比树木早一亿年。有些真菌的地上部分能长到 25 英尺高、几英尺宽，看上去的确有点儿像树干。它们长在大树的下面，把蛛丝一样细的管状卷须插进树根，吸取树木通过光合作用制造的糖分。与此同时，树木通过真菌网络来获取无法用其他方法获得的氮和磷等基本营养物质。

真菌一旦在根系铺开网络，就会启动防御反应。这相当于激发大树的免疫系统——类似于我们打流感疫苗——以增强抵抗力。除此之外，树木通过这张地下网络彼此交流，相互帮衬。树挨着树，林挨着林，这么说再贴切不过了。

上一次进入树林时，我在背阴处看见了几株幼苗。它们无法获得足够的光照，缺乏碳元素，不能长高长大，正在挣扎求生。好在有真菌传递消息，其他强壮一些的大树应该已经“意识到了”这个问题，所以它们会采取行动，一点一点地利用网络把自身多余的碳和其他营养物质传递给需要它们的幼苗。

有一棵在林子边缘的树显然患了枯萎病。几乎可以百分之百地确定，这棵树通过真菌的交流网向整片树林传递了化学信号，提醒其余树木采取防御措施，极大地降低了整片森林的患病率。

圣约瑟夫河岸边有一棵巨大的橡树，这位高雅的

"老夫人"腰围近12英尺，其作用相当于"祖母"——自觉地为幼苗和弱苗输送营养，抚育了一代又一代的树木，包括相当多其他种类的树。在这位祖母奄奄一息的时候，我在她的躯干上看到了伤口，也许她活不了多久了。但是，即使她死了，她也将继续利用网络为邻居们提供资源。

＊＊＊

年复一年，森林教给我们的东西越来越多。最近，我们发现真菌的一个副业是制造广泛的抗病毒化合物。有一年夏天，我在缅因州西南部靠近国王和巴特利特湖（King and Bartlett Lake）的地方偶然看见一棵高大的杨叶桦。近观可以看到树干上的擦伤，很可能是旁边的树在被风吹倒时蹭掉了它的树皮。伤口流出的树脂为多孔菌蘑菇提供了绝佳的栖息地。之后，它们会被掰下来，摆在商店里出售。蜜蜂也发现了大树的伤口，趴在上面享用树汁里的糖分，顺便也吃下了蘑菇里的抗病毒化合物，所以它们在返回蜂巢之后就能避免螨虫的骚扰。近来，蜜蜂的数量在世界范围内急剧下降，部分原因是瓦螨携带的两种致命性的病毒。事实证明，最有效的药物之一是一种蘑菇提取物，这种提取物可以让所谓的西奈湖病毒惊人地减少

45 000倍。

所以初中上完科学课，在林子里溜达的时候，我悟出了一个道理：几百万年以来，树木和植物不是竞争关系，而是密切合作、繁荣兴盛的共同体。人类是这个共同体的一员。

走在林间小路上，我们脚边的树木和一些小型植物时刻在散发一种抗菌化合物——芬多精。虽然你看不见这种化合物，但是它潜伏在你吸入的每一口空气里。到达肺部之后，它会跟随特定的神经细胞进入动脉，降低你的心率和血压。另有一部分被淋巴结征用，可迅速提升免疫系统的功能。还有一些被送进下丘脑，支持重要器官的高效运转。伊利诺伊大学的生物学家弗朗西斯·郭（Frances Ming Kuo）博士说，树木对人类的价值，不管是上文所述这些还是其他价值，都不可否认，“人类周围的绿色越少，其患病和死亡的风险就越高”。

过了几百年，我们终于放弃了“自然属于我们”的错误观念，开始接受正确的、令人欣慰的真相：从很多方面而言，大自然是我们的靠山。

大约150年前，诗人沃尔特·惠特曼在一次严重的中风之后，半边身体失去知觉。尽管他可能缺乏对森林的科学认知，但他仍然热情地歌颂了新泽西州卡姆登郊外的一片森林：“你……有能治愈我的良药吗？……你就这样神秘地悄悄地从天而降（治愈了我），又不为我所见？”

* * *

如果我们可以摒弃只关注某一种生命体的习惯，比如一只松鼠、一棵大树、一只白尾巴的小鹿，转而放眼这些生物所处的环境，那么我们最终会使我们的生活和大自然融为一体。

多年以前，我幸运地得到了一次亲身体验的机会：为《国家地理》写一篇有关最偏远的地区的文章。该地区是美国本土 48 个州里远离所有公路的地方，即黄石国家公园东南角的角尖上，和我家隔着一条绵延起伏的山脉。

于是在初夏的一天，我背着行李走出家门，开始长达 125 英里的翻山越岭之旅。10 天后，我沿着黄石河上游穿过美丽的荒野——特罗费里谷地，终于到达目的地。旅途中野狼和灰熊带来的视觉盛宴，以及冻原四周的奇峰峻岭让人胆战心惊。我在那片高地逗留了差不多 3 个月，大部分时间待在森林服务站的一个小木屋里。秋天，当山谷中发情的雄麋鹿吹起求爱的号角时，我才绕道回家。

探险最开始的几天，我只是在感受接踵而来的喜悦：从瀑布到钓鱼洞，再到险峻的高山；美丽的熊爪印就是美丽的熊爪印；飞速穿过美国黑松林的麋鹿就是一头麋鹿，在黄石国家公园缓缓流淌的水边觅食的白头海雕就是一只白头海雕。

但是随着时间的推移，我越来越清晰地意识到每一片森林、每一丛灌木及每一种生物虽然在不同的环境中展现了各具特色的生命力，但它们是不可分割的整体。我如果在傍晚看到一队匆匆跑过的麋鹿，又有足够的耐心藏起来，就通常可以等到跟在它们后面的那头熊或者那群狼。鹿群闻到了捕食者的气息，准备逃生。显然，面对这样的处境，它们驾轻就熟。

如果多待一会儿，我就会发现去年厚厚的积雪已经融化成奔腾的溪流，溪水旁有一丛丛新生的植物，鹿群就站在这层极好的屏障后面。这些积雪延长了熊在窝里冬眠的时间，消耗了它比往年都多的脂肪。如果再睁大眼睛，我通常可以在狼群的上方看到盘旋的渡鸦，这些鸟知道狼群会得手，想在残羹冷炙中抢得头彩。

接下来需要考虑天气因素。空气的湿度会影响狼和鹿捕捉彼此气味的敏锐度。8月初，熊和狼白天待在各自的窝里躲避山谷里突然袭来的热浪，等到凉快的黄昏到来才出行。这时，捕食者和猎物各行其道。

盛夏渐渐远去，我注意到落日开始慢慢南移，在西边的地平线上像缓慢地跳房子似的从凹地跳到峡谷，再跳到山峰之后。我点灯的时间一天比一天早。宁静的夜晚引出了蚊子和叮人的小虫，饿了一天的燕子和鹰随后蜂拥而至，翻着跟头狼吞虎咽。8月，最后融化的积雪顺着山坡流下来，河水悄然漫过岸边。此时，雪水已经滋养了草地，草地喂饱了鹿群；源源不断的雪水灌溉溪流，养育出美洲鲑鱼。

鲑鱼是熊在六月天的美食，是水獭整个夏天的食物来源，是对钓鱼人的诱惑——他们赶着驮马从26英里外的地方奔来，甩出鱼竿碰运气。我的脑海里出现了这样一幅画面：融化的雪水一鼓作气跑了近900英里，汇入密苏里河，然后汇入密西西比河，最后流进新奥尔良，河上停泊着从南美驶来的船只，船上载着咖啡，就是此刻我的杯子里冲泡的这种。在山区的清晨开始变冷的时候，我在捧着热咖啡杯暖手。

＊＊＊

科学家对这片迷人荒野的生物相关性进行了大量调研，取得了可喜的成绩。水文学家、鱼类学家、野生动物学家、植物学家和昆虫学家纷至沓来。说实话，我特别想把他们的研究故事连篇累牍地写出来，但是在特罗费里谷地每日的经历让我决定跳出水、熊、狼、河、夜鹰和天空的范畴，说点儿别的。

“专注！”笛卡儿可能会站在黄石国家公园的草地上对我大喊大叫，“要独立。摆脱其他的一切。专注于单一的问题，找出唯一的答案。坚定这个答案。”

但是特罗费里谷地是一个没有观众的剧院。整个地球都不例外，因为包括人类在内的万物皆是演员。单就这片谷地而言，它是一张生命网，生机勃勃、琳琅满目。专注力只能让我捕捉到转瞬即逝的瞬间。好吧，我对熊有些了解，但是我从来不了解“那只熊”。显然，我不能成为笛卡儿和古希腊人倡导的那种纯粹的观察者。

因为，我也是演员之一。首先，我无意间成了几百颗麦芒草种子的搬运工，它们沾在我的袜子上到了一个从来没去过的地方，在那里生根发芽。还有，我在小路上散步，引来一群好奇的喜鹊围观，结果，鸣禽以为喜鹊要抢走它们未出世的孩子，死死地护住自己的巢。与此同时，不想成为喜鹊午餐的鼠类落荒而逃。而我的气味，毫无疑问地打乱了狼的计划，也许还有熊的计划，于是它们匆匆朝相反的方向逃窜。

我在特罗费里谷地感悟出的宏伟的生命观，正在被全世界上千家生物实验室，甚至物理实验室验证。不过，这个观点也是在呼应牛顿和笛卡儿时代之前的理论，那些理论可以追溯到数千年前，与数不胜数的原生文化和精神传统相交。那些传统至今依然和我们密切相关。

举个例子吧。在法国南部的梅村修道院，著名的一行禅师双手捧着一张白纸站在学生面前。

他很可能会说，学生中的诗人可以清楚地看到纸上有一片云。

“没有云就没有雨。没有雨，树木就不能生长。没有树就造不出纸。”

他停顿了一下，给学生理解的时间。接着，他告诉他们，如果认真地看，他们也可以在纸上看到阳光。没有阳光就没有森林。没有森林就造不出纸。

然后，他循循善诱道："如果继续看，你们就会看到伐木工人锯断一棵树，将其送进工厂，生产出纸。多看一会儿，你们就会看见伐木工每天吃的面包原料是小麦。"没有小麦就没有他的口粮，所以我们可以说做成面包的小麦也在这张纸里。你和我也在纸里，因为纸是我们认知的一部分。

"你的想法也在里面，因此我们可以说纸包含了一切。你找不出可以排除在外的东西。时间、空间、地球、雨水、土壤中的矿物质、阳光、云朵、河流、热量，每一样东西都在这张纸里，和平共处。"

沉浸在特罗费里谷地3个月以后，我开始相信一行禅师的话，并且知道狼、渡鸦、麋鹿、熊和所有的东西也在美国黑松林里和平共处。我在那里修正了自己的理念，放弃了以前的"无疑问"信念，不再坚信任何事情都可以通过理智客观的科学解答。我开始思考，如果借用不同地方的语言的灵动特点，即更多地使用动词而不是名词表述生命，我们的世界会是什么样子的？不是告诉别人你看见了一只鹿，而是你感受到了各种不同的生命力汇聚在一起，以一种“鹿来了”的形式体现。同样的道理，人也可以被称作“人来了”。

如果我们能够摆脱画地为牢的束缚，大方地接受变通趋势，会怎样呢？我越来越清醒地意识到，放下“世界有固定的模式，所有东西都命中注定地被局限在一个狭小的圈子里”的执念才能得到解脱。很多顶级科学家认为清晨出现的新问题比前一天下午的新发现更让人喜悦。我们也可以学着他们的样子唤醒每一天。学无止境，乐在其中。

＊＊＊

令人欣慰的是，地球上的生物与其说是一场摔跤比赛，不如说是一场科学展览。的确，大自然充满竞争，但人类社会不是也一样吗？相当一部分竞争内容是因地制宜的策略。正如达尔文所说：“（包含）投缘的成员最多的那些团体……最活跃。”

然而，如果你的生长环境和我们多数人一样，沿袭了古希腊人分门别类的习惯，那么你很容易对人类生存的真正动力产生误解。众所周知，美国人一直信奉“适者生存”，但这句话本身就有问题。最开始，“适”表示在可获得的资源中维持原有关系。达尔文说：“我从更广泛和更深层的角度使用‘为生存而战’这个说法，它包括相互依存。”“适者”意味着足够强大、可以抵抗或者摧毁弱者的论调简直是痴人说梦。这是那些自认为生活在“狗咬狗”的世界里，需要拼杀求生的胆怯的人鼓吹的口号。

事实上，就连古代的道家也明白天生的生存之道，即“自然”——也可以理解为“舒展”——可能会影响位于食物链下端的生物的生存。比如，麋鹿群限制了草地和开花植物的“舒展”，但是如果它们吃光食物来源，那它们自己也将走向毁灭。当然，狼在吃光麋鹿后也会饿死。人类也不例外，单纯通过打压获得成功的人终有一天会流离失所。我们的世界有自然的因果，这些因果保护着整个世界的生命力。

在人类以外的自然界，特别争强好胜的个体的结局可能不是独占鳌头，而是和对手一起从基因库里消失。两头雄赤鹿在发情期可能会愤怒地厮杀，根本无暇顾及其他的雄鹿正在和它们俩争夺的对象耳鬓厮磨。在繁殖期，极具攻击性的阿尔法狒狒如果遇到已经和雌性建立牢固关系的低级雄性，有时候也只能败兴而归。越来越多的科学家，包括生物学家、遗传学家和人类学家，倡议创建包含自然界、人体和社会的综合健康概念，强调合作，而非竞争。

我在北落基山脉游历的几十年中，经常观察趾高气扬的灰熊，它们吃飞蛾、蚂蚁、植物块茎和野樱桃的时间比捕猎的时间长。这可能会让很多人大失所望，甚至备受打击。在我们建立的世界观里，敢于挑战庞大、威猛的熊的人颇具阳刚之气。现在，这个梦碎了。1872 年，猎人科尔文·弗普朗克为《哈泼斯》杂志写了一篇有关科罗拉多高地灰熊的文章，他说自己在发现灰熊以卑微的蚱蜢为食的时候失望至极。后来他补充说，这一幕使它“失去了在我们心中的高大形象”。和他同时代的著名博物学家约翰·巴勒斯——他在 1870—1920 年是美国最受欢迎的自然作家——对生存做出了截然不同的解释，为人们提供了一个现实的佐证。他说，生活中的挑战“只是小鸡破壳而出的拼搏、花瓣撑破花苞的努力或者根系穿透泥土的力量。它不是仇恨和战争带来的”。

人们总是动不动就说某人特立独行，这句话在美国尤其盛行。但这个观点也有问题。你可以在地球上漫步，也可以深入海底或者穿越浮冰，但是不可能找到一样独立存在的东西。永远不可能找到。如果狼群的首领不愿意和队友一起追逐更脆弱的猎物，反而独自去招惹一头健康的雄麋鹿，那它的结局要么是头盖骨破碎，要么是肋骨折断，总之不会安然无恙地过完一生。独自捕猎对它没有好处，对它的家庭没有好处，对它的种群也没有好处。

我们这颗星球上所有的生物，包括每个人，都无法回避在相互依赖中生存。狮子不会平白无故地快跑，它加速是因为它的猎物黑斑羚先提速了。

* * *

我们不是因为愚蠢才会执着地相信违背自然常识的理论，而是因为随着科学日益深入人心，我们把它当成了权威的“终极真相”。人类的生活经常受到热门科学观点的影响。有时候，我们对科学，比如“适者生存”，做出了错误解释。有时候，这种错误的解释被恶意利用，就像19世纪晚期被称作“社会达尔文主义者”的人在工厂利用“适者生存”理论进行剥削一样：认为因恶劣的工作环境而生病的工人身体虚弱，他们的早亡只是“自然之道”。

人类在生活中过度粉饰热门科学和技术，以致适得其反的例子不胜枚举。在笛卡儿时代，世界已经被齿轮、杠杆和弹簧支配了一百多年，于是人们开始像分析机器一样分析宇宙，包括哺乳动物的大脑和身体。同样地，当化学在 18 世纪兴起的时候，很多人开始用化学反应解释人类的生活和爱。接着，100 多年后，当无线通信横空出世的时候，大脑突然和电报相提并论了。然后，在 20 世纪 50 年代，我们变成了电脑。

17 世纪，科学宣称高度理性的思维是智慧唯一的准确表现形式，这一观点深入人心。回到当时的英国或者法国，不难看到使用象征主义手法的艺术或文学领域人士被不屑对待的情况。不仰仗纯理性手法的艺术创作不仅不受欢迎，而且是彻底的冒犯。以前的诗歌和故事，包括富于幻想的民间故事中的仙女、精灵、神仙、鬼魂瞬间被摒弃。非洲的神话，甚至来自美洲的情节跌宕起伏的传说，比如佩诺布斯科特人和易洛魁人的故事，也很快被认为是可怜、低级的思想产物。

在极端情况下，滥用科学可能导致无法收场的混乱。笛卡儿、皮埃尔·加森迪和托马斯·霍布斯等人以宣扬远离大自然为使命，立即得到了欧洲宗教领袖的支持。随着宗教越来越把自然界看成魔鬼的藏身之地，无视自然变成了一件圣事。这一疯狂的举动在“燃烧的年代”达到巅峰，大约 50 000 个女人和 10 000 个男人被判为巫师并施以火刑。

谢天谢地，那段时期一直有一些强势的局外人。就和现在一样，无论发生何等大事，总有人反对光天化日发生的过激行为，也许你就是其中一员。在欧洲的启蒙时代，意大利就是局外人。这个深受逻辑思维影响的国家，拒绝放弃合理的艺术需求。结果，它的文学创作被其他国家指责为低劣到无可救药，尽管以诗歌为代表的优秀创意作品是在意大利获得新生的，比如朱塞佩·帕里尼和加斯帕罗·戈齐。意大利哲学家詹巴蒂斯塔·维科的思想也不受欢迎，他本人对推动科学思维发展的精密数学并不陌生。维科多次义正词严地反对单纯地培养年轻人的分析能力，他说这种过度关注的行为会削弱他们的想象力。但是欧洲其他国家对此观点几乎充耳不闻。

意大利拒绝轻率地加入高度理性思维的阵营，这可能也为妇女的创造性贡献提供了更加广阔的空间。1732 年，杰出的意大利学者劳拉·玛丽亚·卡特里娜·巴西获得了哲学学位，同年参加了 12 场论文答辩，着实令人佩服。虽然她没有男校友那样的自由，但是截至 1760 年，她是意大利学术界月薪最高的人之一。接着，她又成为蒙塔托学院和科学院著名的实验物理学教授。与此同时，英国的白人男子们正忙着证明雄性智商高是无须争辩的事实。

那些拒绝支持远离大自然这一声势浩大的主张的人，那些没有声援永恒真理概念的人，也就是伏尔泰所说的“任何一个有理智的人”，都被当成了不值得尊重和考虑的蠢人。所以，你有没有考虑过对学者的敌意从何而起？为什么受过教育的白人男子总是排挤其他背景的人？最好从启蒙运动开始寻根。

* * *

科学界用了100多年来摆脱固守客观的陈旧思想。当年量子物理学一锤定音，打破了自然可以通过客观观察被拆分和被牢牢控制这一深入人心的理论，同时指明传统物理学和数学的预测并非万无一失。这在当时无异于惊天动地的观念。

量子物理学发展的初期，“双缝实验”证明测量电子的运动这一行为决定了电子的位置。被观察的物体呈现的样子取决于观察者的角度。

量子物理学让我们明白，如果我们准备证明光是由微粒组成的，那么我们就会发现微粒的存在。如果我们想要证明光是由波组成的，那么我们就会发现光波。实际上，这两种存在都是光，或者更准确地说，这二者都有可能是光。后来，人们发现了量子隧道效应，即微粒神奇地穿过强大的壁垒，在另一端呈现的景象。懂了吗？就亚原子层面——所有生命最基础的层面而言，几乎没有终极真相，或者至少它比我们想象的更难以企及。世界充满变数，绝不是一成不变的。事实上，这是一个让人眼花缭乱、神秘莫测的地方，与其说它是由终极真相组成的，不如说它是由虚构的关系和不断变化的潜力驱动的。

真可谓拨云见日。很快，科学家开始在生物学领域研究量子运动。时至今日，很多自以为了解大自然本性的生物学家仍然对量子研究退避三舍。但是，叶绿素却曾激起千层浪。众所周知，一个叶绿素分子从阳光中捕获一个光子，然后把它送到加工中心转换成化学能量。但是光子转换的路径不是唯一的，它能同时勘测多条路线，然后迅速调整，选择阻力最小的那条通道。当然，你会问："到底在哪儿能找到那粒光子？"如果你期望传统物理学给出答案，告诉你定位，那得等到世界散架你才能知道。

我们现在根本不可能明确地划分什么东西是完全属

于你的，是你独有的，而什么不是属于你的。我们也不可能明确划分什么属于乌龟，什么属于斑马，什么属于细菌。动物、植物和人类绝对没有独立存在的个体，这意味着我们之间没有明确的界限。天地万物好比一行禅师手里的白纸，互相依存、互相渗透、互相叠加。换句话说，叫作“你中有我，我中有你”。

在一定程度上要感谢量子科学，它使我们有机会在荷兰乌得勒支大学听到才华出众的物理学家吉姆·阿尔–哈里里的讲座，这和约 400 年前聆听笛卡儿演讲的感受截然不同。阿尔–哈里里口中的世界引人入胜、神秘莫测，令人为之激动。他称量子生物学“简直就是魔法”。

他没有讲什么机械原理，而是让我们看到了共享生活中激动人心的画面，让我们深深地感悟到越是见多识广的人，就越会认为自己孤陋寡闻。

1932 年，伟大的诺贝尔物理学奖得主、量子物理学家马克斯·普朗克说：“科学无法对神秘的自然做出终极解释，因为我们终归不能置身事外。”他的话掷地有声，以至于约 90 年后的今天仍有很多人在围绕这个话题忙碌。

我们已经远离把纯粹的客观当作唯一真理的年代。

夜空带给我的第一感觉是那些美丽的亮点——猎户座、大熊座、火星和木星，它们都是“那里”的美好事物。它们在它们的世界里，而我在我的世界里。再过一会儿，定定神之后，我才能真正“感觉”到造物主对那些行星、恒星、星云、它们的轨道及组成它们的化学物质一视同仁，对生机勃勃的地球也同样不偏不倚的事实。当我终于成功地摆脱独立的个体，看到像大海一样浩瀚无边的关系的时候，也只有在这个时候，常挂在嘴边的那句“我们都来自星尘”才从诗句变成现实。

* * *

20世纪90年代初，我到纽约州北部搜集素材，准备写一本轻松的小书，记录美国那些与森林唇齿相依、兴衰与共的人。我喜欢在休假的日子开着破旧的厢式货车漫无目的地闲逛。一天，我开上了沿着哈得孙河修建的高速公路，漫无目的地左转右转，希望能有惊艳的发现。阳光下，绵延起伏的卡茨基尔山脉明暗相间，哈得孙河波光粼粼，景色让人陶醉。

路上车水马龙，快到堵车的时候了，没人愿意跟在一个从蒙大拿州过来、伸长脖子东张西望好像眼镜掉到车窗外的傻子后面。疯狂的喇叭声加上几个骂人的手势，逼得我只好拐上岔路，顺着通向奥拉纳的林荫小路开。好运把我带到了19世纪美国最著名的风景画家弗雷德里克·丘奇的波斯风格的大庄园，我这才发现自己竟然站在悬崖上，往下看就是哈得孙河。

庄园博物馆已经关门，但馆长吉姆·瑞恩好心地领我参观了几个房间。介绍起弗雷德里克·丘奇和著名的哈得孙河风景画艺术流派，他的嗓音配上手臂的动作让人感觉像是坐在软椅里看古籍一般舒服。我想象着自己穿着便服、端着一杯白兰地，听他讲故事。

庄园的细节引人入胜。每个房间里都摆满了来自世界各地的艺术品，有中国的、墨西哥的，还有古国亚述的。室内墙壁的绘画和图案都是丘奇的大作，每一种颜色都是他在调色盘里精心调配的。从每一扇窗子望出去，都能看到无边的绿色。客厅里挂着丘奇的《旷野黄昏》最后的草图，这幅作品被认作美国历史上最伟大的艺术作品之一。这是一幅充满自然气息的风景画，绘制于美国内战前夜，所以全部使用深沉的颜色和红色，让人窒息，仿佛身边一切美好的事物都将溜走。

博物馆里还有与丘奇同时代的著名画家托马斯·科尔的作品。我在已经关门的博物馆昏暗的灯光下走过一幅幅画作，思绪一下子回到孩童时代，准确地定格在11岁梦想开始的那一年。当时，我每周都会去南本德图书馆看书，美术书中荒野的图片让我憧憬着更辽阔的大自然。哈得孙河风景画艺术流派的艺术家们把他们虚构的世界展现给我，也把他们对文明融合的渴望传递给我。我牢记在心，并且不久之后便将其化为己用。

但是，他们的作品中最终激励我走进大自然的动力却是深深的歉意：美国人忽视自然、滥用自然，把自己排除在神圣的大自然之外。哈得孙河畔的艺术家们告诉我们，很多年以前，我们曾经走进了真正的伊甸园，但后来因贪婪而被放逐。19世纪中期，新英格兰地区被过度砍伐的森林、由此被毁坏的水域和鱼塘，在画家眼中都是对上帝的冒犯。还有很多画家，如托马斯·莫兰和阿尔伯特·比尔施塔特，则把目光转向西部受破坏较小的地区。在他们的画布上，自然景观被放大，人物——至少是北美白人被缩小到几乎看不见的模样。

这是一种强烈的宣泄，表达了被迫与世隔绝和被赶出伊甸园的心情。它仍是我们现在看待自己的基石。优美的自然在远方，贪婪的人类在眼前。我在年轻的时候也持有同样的想法，看三里岛、洛夫运河和垃圾场冒着毒烟的东芝加哥都不顺眼。丘奇在哈得孙河上方奥拉纳的家虽然美不胜收，但在那个夏日看起来，却像是为我的愤怒和忧伤而立的纪念碑。

其实，人类把自己踢出伊甸园是自惩的说法本身就有漏洞。这种二分法的思维和古希腊人置身事外研究自然的理论如出一辙。我们没必要驱除自己，相互依存才是唯一的生存之道。我们可以追悔莫及，也可以唉声叹气，但应该马上着手耐心地修补已经摇摇欲坠，甚至支离破碎的与自然的关系。

* * *

如果每一个人都知道了自然界万物相互依存的重要性，那么地球上的那些提到这个观点的最古老的传说也就不会让人大吃一惊了。下面的故事来自印度尼西亚爪哇岛。当地的故事有成百上千个，各具地域特色，但是都深陷同样的困境。

森林和老虎是最好的朋友，它们无所不谈，但是最喜欢在一起看季节的更替，看太阳和月亮滑下天空，又挂上树梢。人类出现之后，它们更加珍惜彼此。人类在砍树时战战兢兢，因为他们害怕被老虎吃掉；同样地，当人类带着枪来猎杀老虎时，密林深处就是老虎安全的藏身之地。

但有时候，好朋友也会把对方的友谊当成理所应当的，而且这种感情迟早会导致怨恨和鄙视。有一天，森林对老虎说："你在这儿没帮什么忙，还弄脏了我美丽的地面。"作为回应，老虎抱怨说森林里漆黑一片，灌木丛生，令人烦恼，想让太阳抚摸后背都非常难。事态越发严重，直到有一天，老虎离开森林，走进了视野开阔的丘陵和山谷。

没过多久，人类就发现森林失去了守护者。他们蜂拥而至，拼命地砍树，最后美丽的森林变成了没有生命的不毛之地。老虎的命运也好不到哪儿去。没有阴暗的灌木丛，它就无处可藏，手持长矛的人类轻而易举地找到了它，它和它的家人全死了。一开始看起来不过是朋友的分道扬镳，事实上，这注定是结局的开始：森林和老虎无一幸免地遭到毁灭。

最初讲这些故事的人清楚地意识到大自然中的关系至关重要，需要相互制约。几百年来，我们一直认为目标对象的存在比相互关联的理念更真实，但事实并非如此。那棵树、那头牛，以及街对面穿着红靴子、打着黑雨伞的人无非是对我们身边千变万化的事物独特的表现方式而已。和其中的任何一样建立关系，都是和世界建立关系。

此处，让我们借助东方冥想练习里的一个概念——“初心”，接受这个事实意味着接纳“初心”，然后就是将自己置于我们获得的感知超出理解能力的情境。不要做水中捞月的徒劳之事。

动用感官之时，就是大自然出现之时。沉浸在自然之中会带来巨大的心灵变化，部分是因为这种体验会不动声色地消除大脑对现实的判断和对未来的预测。在某种意义上，我们感受到的颜色、光亮、运动、声音、气味和联系超出了我们对其进行加工的能力。这种感官的丰收不会让人焦虑，反而让人感到欣慰，它可以把我们带入不知身处何地却心甘情愿不去刨根问底的境界，为我们描绘事物间崭新的关系铺开一张崭新的画布。

＊＊＊

随着对地球上生命间相互依存观念的深入理解，懂得人与人之间的休戚与共便显得至关重要。“我是谁”在很大程度上取决于和喜欢的人的互动，以及对不喜欢的或陌生的人和群体的防范。尤其让人着迷的是，新兴的表观遗传学提出，我们对生活的体验程度可能在一定程度上取决于祖先的感受。基因代代相传的不仅是身体特征，还有丰富的挫折感，它们会在特定的行为，甚至疾病中显现。例如，大屠杀的幸存者分泌的激素皮质醇较一般人少，他们似乎会将这一特征遗传给后代，在感到压力很大的时候，有限的皮质醇含量可能会引发风险。

有些心理学家开始思考，能否利用万物互联带来的积极效果治愈痛苦和恐惧，把我们内心充盈的幸福感在生命中扩展并延续给后代呢？

既然我们已经敞开心胸接纳万物互联的事实，那我们不妨好好琢磨一下南非恩古尼族的子群——班图人古老的“班图精神”。“班图精神”认为人类最初的联系和最重要的关系都是通过分享实现的。进一步而言，如果不和周围的人分享，那我们就不可能得到真正的财富和真正的满足。一方面，它无形中迎合了所有宗教信仰的基本教义；另一方面，这是为了子孙后代繁衍生息的经验之谈，即内外兼收的富足兴旺。寒来暑往，无数诗人和艺术家告诉我们，健全的生活应该是一支充满激情和创造力、变幻无穷且轻松愉快的舞蹈。但这并非独舞，而是与人类和其他物种的舞伴一起跳出的波澜壮阔的华尔兹。

* * *

我们再回忆一下诗人沃尔特·惠特曼的生活：为了治疗因中风导致的偏瘫，以及在内战那噩梦般的战场上做护士的经历给身体造成的伤害，他搬到新泽西州的森林里生活了一段时间。一到木材溪镇的斯塔福德农场，他就被一棵古树深深地吸引了，于是写道："多么强壮，多么生机勃勃而不朽的生命啊！……人类的存在和沉稳与之相比，显得那么微不足道。"

他接着写道，科学总是取笑那些追忆森林仙女的故事或者相信大树会聊天的人，但是他们讲得有鼻子有眼，甚至比其他事更真实可信。惠特曼建议人们去果园或者森林里走一走，坐一坐，和那些沉默的自然伙伴一起冥想。

“当你厌烦了商务、政治、欢宴、爱情等，发现这些没一样可以持久，没一样能带来真正的幸福的时候，还剩什么呢？只有大自然。”

正如惠特曼所说，忽视被再次唤醒的向往是愚蠢的，诋毁一直被传诵的神话并认为其不值得认真关注是不明智的，照此下去，我们将斩断地球几千年来建立的各种关系。

说来奇怪，这种更加广阔和更富有想象力的智慧似乎也提升了我们产生共鸣和同情心的能力。这对心理健康来说不是一件小事。达尔文认为同情是我们最值得珍惜也是最强大的本能。近来，伊丽莎白·尼斯贝特和约翰·泽伦斯基的研究表明，通过计算一个人和自然界情感联系的水平，完全可以预测他经营健康、快乐和高效生活的概率，其中一方面是对他人的宽容和关爱。推倒和自然界之间的高墙，扑面而来的将是重逢的喜悦。

主流文化中的一些人喜欢自以为是，他们认为根生土长的文化之所以能够几千年生生不息，很大一部分原因是过去的科技水平限制了资源的过度开采。坦白地讲，我也这样想过。假设那时的人有和我们一样精密的机器，他们也会竭尽所能地榨取想要的东西。

但是几乎可以确定，那些源远流长的文化和维护自然界的平衡密不可分。在那些文化里，日常生活就是和“其他东西”的衔接过程。过着这样生活的人绝对不愿意破坏这张关系网，不愿意失去生活中最大的幸事。他们只要看看这个世界，就会坚信打破平衡意味着可怕的失去——失去生命的营养和心理的慰藉，甚至整个社会都会退化。

* * *

女诗人西尔维娅·普拉斯在年仅 19 岁时写了这样一篇日记：一天下午，她从布满礁石的海岸爬上了一块伸进大海的岩石，站在那里面对涌动的海浪和在远方漂荡的帆船陷入沉思。她在思考海水和天气是如何雕琢、打磨，进而击碎岸边的岩石的。她听见风抚摸青草的声音，感觉到风在她的发间弹奏乐曲。就像很多走进美丽大自然的人重获新生一样，她开始用清澈的双眼审视自己的生活。

她对这种感觉的解释是：“在人间生出的信念带着些许贪念和欺骗，而淳朴的大自然带来的却是孩子般的纯真。这种感觉能让你不在意别人的看法和行为，而是在阳光下、在风声里肆意地分享生命中独特的平等和美妙。”

我了解这种感觉。我在坦桑尼亚的恩戈罗恩戈罗火山口观赏上万只粉色的火烈鸟的时候有过这种感觉。我在目瞪口呆地看着驯鹿像奔腾的小马一样闯过北部地区开裂的冻原的时候也有过这种感觉。

有几次感受刻骨铭心，其中一次出现在我绕着黄石国家公园边界徒步 500 英里的过程中。那天，我在公园西南角贝奇乐河谷的洼地上搭好帐篷之后，拿着录音机和日记本走到河西岸的小树林边。青草地上有一片西洋蓍草，我决定就在那里等待。因为在干旱荒芜的西部，几乎所有的生命都要到河边求生，只不过有早有晚。时值夏末，蓝天万里无云，空气中弥漫着沁人心脾的松木香和麦草味。我脚边的河水轻盈地绕过 5 道弯，河里的鲑鱼一跃而起吞掉蚊子，在水面荡起圈圈涟漪；抓昆虫的树燕贴着水面忽左忽右地飞；沙丘鹤在西面的草地里欢快地鸣叫。

没过多久，一头年轻力壮的雌驼鹿缓缓走到远处的岸边，开始从容地吃柳树叶和水草。过了足足一个小时，它才慢悠悠地走进稀疏的树林，像大元帅一样揭开了动物阅兵狂欢节的序幕：一只秋沙鸭妈妈带着一群孩子最先游过去；大概 100 码[1] 开外的地方，绿头鸭一家跟着鸟类王国最强势的妈妈随波荡漾，漂进嫩绿的水草丛；一只寻鱼的鹗扑棱着翅膀疾飞而来，受到惊扰的空气“低声发着牢骚”。

我已经饥肠辘辘，可是不忍离去。接下来出场的是河狸一家，它们从远处的岸边逆流而上，在距离我 30 码左右的地方停下来嬉戏。一只成年河狸拍打着尾巴，发出响亮的啪啪声，溅起无数水花。这不是常见的警告，反倒像游戏的前奏，看起来，它们过了好几天舒心日子了。就连我喜欢的水獭出现的时候，它们也无动于衷。水獭突然钻进水里，然后叼着一条鲑鱼抬起头，颠了几颠之后一口吞下。它时不时地朝我这边瞥一眼，仿佛在炫耀幸福的生活。

我感觉自己好像掉进了宇宙的裂缝。录音机一直开着，我如数家珍般念叨着每一只登场的动物的名字，描述着它们的样貌。时至今日，我每每重放录音，听到当时自己因激动而颤抖的声音都仍然喜不自禁地微笑。10 分钟后，

---

① 1 码约为 0.9 米。——编者注

大批观众蜂拥而至。麝鼠一家有的在远处的河里游泳，有的在啃食莎草和各种水生植物的球茎。

那时我就知道了，我即使再也没有机会踏上这片土地，想到它也会心安。就像期待一首乐曲，无论它是否会传到我们的耳朵里，想到作曲家正在酝酿都是一种安慰。我身处其中度过了美妙的两个小时，被丰富多彩的生物激励，心也变得柔软。面对生命的奇迹时，无须多想，只要傻傻地、忘我地体会就好。

25 年以后，我更加确信——虽然这种感受不如在贝奇乐河谷时那样强烈——大自然有能力帮助我们暂时摆脱烦人的自恋。初到河谷的时候，我是统计步数的徒步旅行者，感叹着自己的体能，编写着自己的故事。但是，贝奇乐河谷的柔美身姿、草地上各种娇嫩的颜色、河狸和麝鼠优雅的泳姿让我振奋，忘掉自己，和大自然浑然一体，感受到大自然中数不胜数的、永远可靠的关系。这种无拘无束的现实让人可以安全地走出自己生活的小圈子，敞开心胸，接纳比平时更宽广的天地，哪怕只是一小会儿。

第3课 生物多样性

生物的种类越庞杂，生命力就越强大。植物、动物和微生物的种类越丰富，整个大自然的生命体系就越健康、越坚韧。

盼望所有生命的价值和利益得到充分的尊重。

——桑德拉·哈丁

21岁的时候，我作为一名博物学者在爱达荷州索图斯山森林服务站工作。我的老板兼导师查克·埃伯索尔时年62岁，是海军退伍老兵，既有真才实学，又有点儿小脾气，一谈到大自然，就表现得令人难以置信地热情奔放。我刚到服务站工作的时候，他开着军绿色的雪佛兰带着我在索图斯山谷里进行了一连串的定向巡视。有好几次，当我们在高速路上驰骋的时候，他看一眼窗外就会突然刹车，然后跳下车，催促我跟着他跑进附近的沟渠、草场或者森林，大呼小叫地指着一朵花、一棵树或者一块古老的石头，向我展示大自然的神来之笔。很多人在看见钱袋子时就会变得这样疯狂。对他而言，大自然里的一切都是值得学习的。“下课”的时候，他总是双手握拳，牙齿紧咬，眼睛里满是不可抑制的兴奋。

有一天，他宣布我们要徒步前往他最喜欢的一片山地草场。像往常一样，我根本不知道他要干什么，但还是抓起背包，系紧靴子，灌满水壶，跟着他出发了。大概两个小时以后，我们终于爬上一座山的山顶，眼前的景色让我目瞪口呆：倾斜的山坡上野花盛开，有钓钟柳、天竺葵、毛茛、委陵菜、火焰草、风信子、马先蒿、三花水杨梅和猴面花，那是我见过的最绚丽的“地毯”。我们肩并肩默默地站了很久，我仿佛走进了莫奈的画。最后，查克开始了一场苏格拉底式的交流，不厌其烦地抛出一系列问题。

“那么，盖瑞，这里为什么会有这么多种类的花呢？”

“嗯，”我不假思索地回答，“因为这里的土壤、湿度、光照适合很多物种生存。”

“对，但为什么不是所有的物种？或者只有两三种？”

我被难住了。

“想一想，有什么东西可能对这个地方造成威胁呢？”

“疾病。”我谨慎地说，“虫灾。干旱。”

“好吧，咱们假设一场大干旱来临，这片草场会怎样呢？”

“有些植物会干死。”

“为什么不是全干死？”

“因为有些植物的根比较深，也许能熬过去。有些植物的叶子像蜡一样可以保存水分。”

“很好。如果它们真的幸存下来，会有什么益处呢？”

“哦，这里是陡坡，植物的根系越发达，土壤流失就越少。”

他点点头，但是并不满意。“还有吗？”

一只大马蝇落在我的脸上，我赶走了它。

“就是它，苍蝇。”虽然我一言未发，查克却咧开嘴笑着说，“植物幸存下来，苍蝇就会嗡嗡地吵，接着就会迎来蝴蝶。”

“还有麋鹿？”我用手指着脚下的一堆粪便问道。我大胆地推测，即使某些植物死了，麋鹿也照样有食物。

“你想说什么？”

我结结巴巴地说：“嗯，我想说，不同的花有不同的生存之道，此消彼长。”

“还有呢？”

“它们幸存，则整个体系幸存。”

"你是说大自然总有回旋的余地。"

我点点头。是这个意思。

他吸了一口气，我也跟着吸了一口气。

* * *

人类几乎和大自然里所有的生物息息相关，因此这节课的主题庞大且不容置疑：自然体系中的参与者越多，每个参与者的活力就越强，同时，这个体系应对变化的能力也会随之提高。世界总在变化之中。这颗美丽富饶、生机勃勃的星球一年四季都在不停地展现多样性的本质力量。

地球上数十亿种植物、动物、昆虫和微生物组成了一张既变幻莫测又密不可分的生命网。这张网借助复杂的化学变化与空气、陆地、海洋、河流、小溪融为一体，相互支撑。毫不夸张地说，正是这种多样性为人类提供了可以呼吸的空气和可以饮用的水源，更不用说滋养用来种庄稼的土壤、满足谷物授粉的需求了。

感谢森林里的树木、大草原上的小草和海洋里的浮游植物所进行的光合作用，为我们提供氧气。感谢所有植物为我们拦截对空气质量有着至关重要影响的碳元素。此外，还有很多植物是空气净化器，比如柳树、赤杨木、鸢尾花和香蒲。在我们看不到的深层泥土里隐藏着大量微生物，它们为植物提供养料，维护世界的持续发展。

不过，这么富饶让人有些不知所措。人类至今发现了 80 000 多种可以食用的植物，这个数字还在不断地增加。生物的多样性满足了我们的各种需求：从做衣服的材料，如棉、麻、丝、羊毛和亚麻，到汽车所需的燃料汽油，而汽油是包括浮游动物、海藻等古代海洋生物的岩石和沉积物的提取物。

现在，我们赖以生存的救命药有成千上万种，其中大自然直接为全世界的现代制药业提供的原材料大约占40%：预防心脏病发作和中风的华法林最初以发酵的草木犀为原料；最早的阿司匹林是从白柳中提取的；治疗儿童白血病和曾经致命的霍奇金淋巴瘤的主要药物来自玫瑰色的长春花；微生物可以合成抗生素和降胆固醇类药物；巴西蝮蛇体内的元素可以用于生产常见降压药；用海绵中的化合物制成的药物齐多夫定可以用于艾滋病的治疗；吉拉毒蜥可以用于生产治疗糖尿病的药物；蜘蛛丝可以被制成人造肌腱和韧带；鸡心螺可以对付癫痫；珊瑚能参与癌症的治疗。就连马蹄蟹的血（在不会导致蟹死亡的情况下抽取）也在医院里充当了遏制致命感染的重要角色。也许，新近的研究更激动人心，即生活在未经开发的自然保护区周边的人患上呼吸道感染、疟疾甚至莱姆病的概率较小。所以，除了提炼、制药，力所能及地保护千变万化、生机盎然的大自然对我们保持身体健康来说意义非凡。

生机盎然的星球躲不过环境变化，所以当我们把生物多样性作为衡量自然体系自我愈合能力的重要参数时，我们说的不仅是它的存活时间，还包括整个群体在经历火灾、洪水、疾病、虫灾、飓风和干旱等突如其来的巨变后能够恢复的程度。很多年前，查克·埃伯索尔在高高的索图斯山上教给我的就是：某种植物遭受灭顶之灾以后，如果物种足够丰富，灾难就不太可能摧毁整个生态系统。在这种情况下，受到打击的物种重生的机会就会大大增加。

动物界亦是如此，物种行为和性格的多样性给种群带来了益处。例如，有的蜜蜂火急火燎地见花就停，也不管有没有花蜜；有的则要先花时间甄别。这两种类型的蜜蜂都能给蜜蜂群体做出贡献。河乌的世界相对稳定，每到冬天，有一些河乌会迁徙，另有一些依然守在家乡的溪流旁。顺便提一下，走或不走出于自愿，和它们父母的行为不一定有关系。虽然好斗的蓝鸲可能擅长捍卫领土，但它更擅长社交的表亲在繁衍后代方面表现得更好。

科学界对所谓的“第六次物种大灭绝”，即人类导致的气候变化将引起大批物种灭绝甚为苦恼，大自然的多样性和我们对多样性的绝对依赖正好可以解释苦恼的原因。美国国家科学院近来用“对人类文明基础的恐怖袭击”来形容“第六次物种大灭绝”。我真担心你会认为人类聪明至极，会毫发无损。不是这样的。请记住，人类是最易于灭绝的物种之一。想想吧，30 000 年前至少存在 4 种和我们相差无几的人族，而现在只剩一种了。

* * *

那么，多样性是怎样出现的呢？为什么大自然非要花样百出地做同一件事——把收集到的阳光、水分和氮变成植物呢？为什么大自然不愿意精简，只留下两三个特别成功的种类呢？

现在，很多信奉达尔文进化论的生物学家坚信地球上的 3 类生物——细菌、古生菌和包括动植物及人类在内的多细胞生物，都是大约 35 亿年前从单细胞生物进化来的。和最初的生命形式一样，所有的生命都是由同样的

23种“基础蛋白质”组成的。它们在数十亿年的进化中具备共同的特征。这样说来，世间万物其实都是血脉相通的。这23种“基础蛋白质”和变化多端的进化一起造就了我们现在看到的繁荣景象。

可是，为什么范围如此之大？这么繁荣的多样性是怎么出现的？要回答这个问题，我们可以从植物和昆虫跳了超过4亿年的探戈入手。没错，是探戈，双方的舞步完全受对方动作的影响，包括从有机体微小的变化到新物种的出现。

很多植物世代相传的对付昆虫的绝技如出一辙：树叶和花朵会分泌一种被称作“次生化合物”的化学物质。比如，包括茶树和咖啡树在内的许多植物会分泌咖啡因，芥末叶含的油也有同样的作用。马利筋属植物能释放带毒的糖苷，因此能成功地避免成为昆虫大餐的悲剧，更好地存活于世。这种植物通过保护叶子来使自己更加强壮，顺理成章地孕育出更多的种子，从而拥有更多的后代。

别以为这就结束了。慢慢地，某些昆虫和毛毛虫，比如帝王蝴蝶，通过变异获得超级能量，攻破了有毒植物的防线。这就是色彩鲜艳的帝王蝴蝶招摇过市的原因。它一面对着马利筋属植物大快朵颐，一面把自己变成了一味毒药。附近的大树上停着的任何一只抓昆虫的鸟都可能对帝王蝴蝶视而不见，径自飞走，因为它知道吃掉这只蝴蝶会使自己痛不欲生。不具备帝王蝴蝶那样的实力的飞蛾和蝴蝶选择掩饰，它们把翅膀伪装成植物的样子，欺骗鸟类的眼睛。

世间万物同舟共济，任何物种创新都不能仅凭一己之力。植物促使昆虫向新的方向发展，有时进化出新的种类，与此同时，昆虫也促进了植物的生长。老虎促使羚羊增长技能，羚羊反过来激励老虎。这样看来，我们又回到了本书的第 2 课——相互依存。多样性出现的很大一部分原因是彼此相连。

* * *

我们能不能把多样性是生物变异和生存的关键这个课题引申到人类社会呢？很久以来，无数人，包括大量非专业人士一直在冥思苦想。约翰 · 肯尼迪曾经表示，既然人类永远不能消灭差异，那么世界繁荣应该建立在保护多样性的基础之上。美国作家玛雅 · 安吉罗建议父母尽早教育孩子“差异之中自有美丽和长处”。马尔科姆 · 福布斯这样的商界精英也意识到多样性的强大，将其运用于商业领域，定义为集体独立思考的能力。无巧不成书，在拉丁语中，思考一词的词根就是“一起摇摆”。

活跃在20世纪中期的作家、经济学家和城市活动家简·雅各布斯是最具魅力的有关人类社会多样性的思考者之一。她出生于宾夕法尼亚州斯克兰顿市，原名为简·布茨纳，年轻时是一名自由撰稿人。她主要关注城市生活，为此特意把家安置在格林尼治村。她性格坚毅，怀有爱国之心，拥护独立、廉洁、民主的政府；支持依托税收的公共事业，比如公共交通；坚信保护多样性的规章制度才是明智的。身为女人，在男性为主的城市建设和规划领域，她和同时代的蕾切尔·卡逊一样受到世俗的讥讽。但是穷人和被剥夺选举权的人是她的坚强后盾，她无所畏惧，一次次地深入大自然寻找支持她的论点的证据。

20世纪50年代，简·雅各布斯启动她最宏伟的工程的时候，科学界、工商界和政府机构挤满了四肢发达、头脑简单的狂妄之徒。那时，核微粒，即“黑雨”从天而降，致使美国西部和中西部地区的数千人罹患乳腺癌和甲状腺疾病。同时，我们正向农田和城市公园喷洒超过45

万吨的DDT杀虫剂。1962年，蕾切尔·卡逊借着《寂静的春天》一书上市发出警告。整个20世纪50年代，美国空气和水源中的铅汞含量急剧上升，雾霾严重。单说纽约，1953—1966年，3次烟雾事件导致600多人丧生。

工业的覆盖面之广和杀伤力之强让人瞠目结舌。美国农垦局推行“西部大开发”，不遗余力地在最后几条原始河流上修堤筑坝，包括试图拦截美国国立恐龙公园中心地带的科罗拉多绿河和大峡谷内的科罗拉多河这一注定失败的尝试。遍布太平洋西北部和加利福尼亚的森林倒在“清场伐木”的运动中，就连生长在私人林场里的巨杉也几乎无一幸免。成千上万片湿地被填平。美国政府热衷于悬赏缉拿各类野生的“坏”动物，包括美洲狮、郊狼、狼、鼬、鹰和猫头鹰。人们利用炸药、链锯、毒药和破坏球等工具对上述挡路者痛下杀手。

雅各布斯在撰写关于东北部城市的文章的过程中，目睹了为所谓的“城市改造”修建多车道高速公路系统时，整个街区被夷为平地的景象。于是，她借用大自然——用自然界生物证明多样性对生命健康和活力的意义——为城市里的受困居民振臂疾呼，要求停止这些项目，这种呼吁使她再一次脱颖而出。她是最先提出地区多样化的价值——街坊邻里熟络，路边生意红火——的人之一，并且亲切地称之为“街头芭蕾”。她指出，邻里和谐能维持城市稳定，有助于在不断变化的环境中重建城市。她说，用建筑把人隔离的做法会破坏丰富多彩的市井生活，是“违背人性的”，是对很多穷困潦倒和悲观绝望的人的毁灭，是对地方经济的遏制。

她每次谈及城市规划，必提生态保护。她或许讲过所有生命体系的建立都是因为成功地获得了太阳的能量，而且林荫道越多，它们传递的能量就越多。换言之，植物、动物和微生物的种类越丰富，整个大自然的生命体系就越健康、越坚韧。生命依靠能量繁衍生息，既要存活，也要创新。

雅各布斯反复启发人们思考人类经济映射的自然现象。她在80多岁接受采访的时候一如往日条理清晰地说：“自然赋予我们这些能力，（它们）对我们而言，就像蜘蛛织网、叮咬猎物一样自然，或者像蜜蜂采蜜一样浑然天成。用大脑做什么、用手做什么都是与生俱来的本领。我们利用它们和大自然利用生态系统异曲同工。这可不是隐喻，而是实实在在的相同。”

她义正词严地指出，歧视会阻止人类发挥创造力，必将导致人们所从事的工作失去活力。完整的社区生态系统坍塌会破坏经济基础，影响创新企业的崛起。如果男男女女只会做特定的工作，没有创新的能力，那么经济体系将不堪一击。

雅各布斯强调，我们没有机会选择其他的发展之路，因为根本没有其他的选项。在日常生活中保护人类多样性，平等相处，博采众长，虚心改进——无论是在工作中还是在街头——才有机会建立稳定活跃的经济秩序。大自然的成功不是此消彼长的游戏。成熟的生态系统包括各种生物，并且欢迎更多的生物加入。

她看出大自然有推陈出新的能力——从翅膀和羽毛到足和鳍——对已有事物稍加改变就能让其适应新的环境并创造新的元素，这正是人类梦寐以求的事情。一个在卫生系统工作、为旧衣服过剩发愁的人，与当地的慈善团体合作，开启了新的经济模式：把旧牛仔裤和编织线卖到一些发展中国家，其他零七八碎的部分卖到中东做成汽车座套。19世纪，棉纺工人玛格丽特·奈特发明了一种缝纫机，可以制作平底的纸袋子，这种设计标准沿用至今。震教派教徒塔比莎·巴比特是个工匠，她聪明地意识到圆形锯可以通过缩短工人拉锯的长度提高伐木效率，于是她把自己设想的原型安装在纺车上，发明了圆盘锯。

雅各布斯晚年在接受采访时说："我的想法是有科学依据的，我尊重观察和实验，喜欢刨根问底。"我们的创造力、经历、技能和作为人类这个头衔都是极好的，就像大自然不会山穷水尽一样，"用得越多，得到的就越多"。

* * *

多样性的作用在人类社会不仅仅体现在经济适应力这一方面。假设你的团队遇到一个棘手的问题，你和队友有相似的背景——比如都是来自中产阶层或以上的白人，有相似的生活经历和教育背景——那么你很可能建议开会讨论，而且你说的话很容易被同事理解。这意味着你们解决问题的方法通常大同小异。这种默契让人感觉舒服，甚至安心，但同时它也会影响你所在团队的创造力。

数学生物物理学家和科学史学家桑德拉·哈丁称这种默契为"弱客观性"。与之相对的是"强客观性"，即集思广益，听取主流之外的声音。当然，为了生存，主导团队的规则是必须遵守的。社会科学家也在工作团队中发现了类似的现象："弱客观性"使我们懒于思考、表达模糊。因为我们总是假定听众能够完全领会自己的意图，所以轮到自己听别人讲时也不会认真听。和与我们对世界的看法或者经历相同的人讨论的时候，我们习惯断章取义，用自以为是的共识去"填空"。

既然敏锐和创新源自多样性，那么我们还需要额外的付出吗？需要。收获会更大吗？毫无疑问，会的。

不久前，一组研究人员审阅了100多万篇科学论文——经过严格的同行审查的学术论文——按照创作团队的种族和文化差异对文章进行分类。结果发现，成员差异大的团队写出的文章被其他科学家引用的次数更多，比成员同质化的团队的论文更具影响力。

当然，我们不能只谈种族和文化差异，还要关注心理素质的差别。2013年，天文学家通过"闪烁的星光"计算出星星的大小和演化阶段，这是一项重大的科学突破。组长凯文·斯塔森说，成功的原因部分在于他在挑选队员的时候，有意选择了不同种族、不同性别和拥有不同学历背景的人。他的团队里还有几个自闭症患者，他们的注意力高度集中，擅长“一根筋”追查到底，但是有时候不能忍受冗长的会议安排，因为这些会议不能充满自由讨论或离题的对话，于是斯塔森特许他们以收发短信的形式参会。

斯塔森说来自不同背景的人组成的团队更容易发现像“闪烁的星光”那样重大的事件，因为差异迫使人们放弃“想当然”。“当不同的队友以不同的视角分析同一个数据的时候，科学才能精益求精。”

哥伦比亚大学商学院副院长凯瑟琳·菲利普斯写道：“把社会差异带进团队，可以提醒队员分歧无处不在，由此改变他们的行为。”她接着说，当他们意识到社会差异的时候，期待值也会随之改变。“预见会有不同的意见和观点能使他们加倍努力以达成共识。”最终将是硕果累累。

我们只是假设一下你被诬陷，惹上官司（你应该不会这么倒霉），那么你应该盼着陪审团成员除了白人，还有其他人种。按照社会心理学家塞缪尔·萨默斯的说法，这样的陪审团通常更少出错，在复议案件中能够更好地发挥作用。在法庭、会议室和实验室里的差异越大，相关人员的注意力就越集中，工作也越勤奋。

再说一遍，人类是从大自然里崛起的，我们本就是大自然的一分子。所以，我们应该懂得正是差异赋予了我们力量，赋予了我们强大的优势。

在自然界中，群体的兴旺和恢复能力不能单纯依靠丰富的物种，还取决于每个物种的特征和行为。这株雏菊擅长扎根，另一株擅长开花，还有一株擅长储水。在动物界，象群受到威胁的时候，需要一头暴躁的母象站出来，用她的庞大身躯和愤怒吓跑挑战者，解除潜伏的危机。但为长远打算，象群也需要宽厚的长者建立对它们的长期生存至关重要的凝聚力。

在人类社会，我们可以从很多方面看到不同人种之间的差异。除了性格，我们的生活受到肤色、年龄、性别和身体状况的影响。我们有不同的居住地、不同的宗教信仰、不同的性取向、不同的学历、不同的社会经历，就连大脑加工信息和做出反应的方式都不一样。这就是人类具有无限创造潜能的原因之一。

* * *

虽然多样性孕育着希望，但我们并没有从一开始就对它善加利用。17 世纪欧洲的早期科学家们声称他们一视同仁，欢迎所有能人异士。他们说，追求真理就是彻底摆脱长期以来只为政治和宗教服务的传统。然而在现实中，妇女、犹太人、有色人种和穷人并没有获得在学校学习数学、拉丁文和植物学这些能让他们进入科学领域的基础课程的权利。巴黎皇家科学院成立于1666年，是世界上最有声望的科学团体之一，可是直到1979年才接收了第一名女性成员——一名科学院成员的妻子。

毫无悬念，科学在这种偏见之下注定是狭隘且后患无穷的。如果我们的智囊团拒绝了某个群体，那么会有人跳出来大放厥词，说该群体不堪重用。这种渗透文化的偏见正在过度地自我复制。

白种人一直想求证世界上哪个人种最聪明。19世纪早期，美国最德高望重的内科医生和自然科学家之一塞缪尔·乔治·莫顿对这个问题进行了潜心研究。很多同事拍手称赞，坚信以他的技术和诚实，他绝不会无功而返。1851年，《纽约论坛报》在他的悼词中写道："或许没有哪位美国科学家能如莫顿博士一样在世界学者中享有极高的声望。"

莫顿的研究从搜集世界各色人种的头盖骨开始——总数接近1 000——包括非洲人、东印度人、西欧人、中东人和北美及南美的印第安部落原住民，然后按照头骨体积分类，因为那个时期的许多人认为这是评判智力水平最可靠的依据。实验初期，他挑选并使用大小一样的芥菜籽填充头盖骨，后来改用装在猎枪里的那种铅弹。

容纳芥菜籽或者铅弹最多的头盖骨被认为是最聪明的人种的头盖骨。莫顿在完成研究之后出乎意料地公布了结果：西欧人脱颖而出——智商最高，美洲印第安人的智商处于中等水平，非洲人的智商最低。自此之后，19世纪有关人种的争论一直以这个结论为基础，美国南方的政客在为奴隶制辩护的时候也以此为据。

且不说大脑体积是不是衡量智商的可靠依据，单就莫顿的方法而言，也存在诸多问题——很大的问题。20世纪70年代末，著名的古生物学家斯蒂芬·杰伊·古尔德认真梳理了莫顿的研究笔记，发现了他的方法中的漏洞：事实上，很多头盖骨的年龄和性别不详，但是莫顿为了迎合存在已久的官方说法，假定它们所属的种族，用一系列猜测和错误数据“证明”了西欧人是最聪明的。

莫顿搜集的古埃及人头骨不但证明被他称为“高加索白人”的头骨和黑人头骨没有大小的区别，而且证明这两种头骨都比同时代的非洲人的头骨小。古尔德至死不愿意相信莫顿有意误导——莫顿从来没有掩饰自己的研究过程。相反，他推测，长期存在的种族等级观念“根深蒂固，导致莫顿沿着已经画好的线绘制了自己的图表”。不要忘记，在人们心中，莫顿是那个时代最客观的科学家之一，连公认的学者都指望他的学识能够“从凭空推断的泥潭中解救美国科学”。长期宣扬的实现科学的客观性这一崇高目标又一次受到严重的束缚。

1912 年，哥伦比亚大学研究生弗兰克·布鲁纳基于莫顿的一部分研究结果，在《心理学公报》上发表文章，宣称黑人“缺乏远见、过度浪费、懒散、缺乏毅力和主动性，不愿在细节上持续付出努力”，而且“缺乏进行持续的活动和做出有建设性的行为的力量，实在令人悲哀”。两年后，发表了斯坦福-比奈智力量表（一项沿用至今的智力测验）的手册直言，不同人种的智力有很大区别且“不能通过教育弥补”。一直自称完全客观、没有偏见的智商测试其实一文不值。倡导优生学的亨利·H. 戈达德对移民进行了一系列智力测验，宣称 83% 的犹太人、80% 的匈牙利人、79% 的意大利人和 87% 的俄国人低能。这份声明无异于火上浇油，导致很多人被驱逐、被收容，甚至被自己的国家绝育。

这些错觉势不可当，不仅有色人种对其普遍接受，南欧人和东欧人也被卷入其中。1924年，美国开始限制移民数量，据说是为了有效阻止国民智力下降。稍微做些调查就会发现，2000年以来，美国诺贝尔物理学奖、化学奖和生理学或医学奖得主中有40%是移民。然而，继1924年的条例颁布之后，犹太人受到了更厚颜无耻的指责，这些指责促进了之后纳粹所谓的“雅利安科学”——人类智力在历史上最大的失误——的诞生。

现在，越来越多的研究表明受种族偏见侵害的人身体健康都欠佳。经历种族战争或者对种族战争的担心，促使他们的激素（比如皮质醇）水平上升，由此引发的化学反应影响心脏、免疫力和神经内分泌系统。近来，加利福尼亚大学博士阿玛尼·努鲁-杰特主持的研究发现，遭受歧视的黑人妇女患有轻微的慢性炎症，这加大了她们患糖尿病和心脏病等重大疾病的风险。不可否认，孤芳自赏非但不能取他人之长，还会危及人类集体福祉。

* * *

21 岁的我离开家乡印第安纳州北部，如饥似渴地直奔落基山脉。这是在那之前 8 年，13 岁的我对父母的承诺。那年夏天的某个晚上，我抱着一个盒子坐在客厅里，盒子里装着高速公路地图和我锄草、铲雪赚来的 150 美元。我告诉他们，我要骑着自己的紫色自行车西行约 1 500 英里，到科罗拉多州去。像很多年轻人一样，我当时也厌倦了周围的一切——笔直的马路、笔直的草坪、笔直的玉米犁沟和校门外笔直的学生队列。

21 岁，当我终于站在这片高原上的时候，我还不知道心中对自由的向往是北美男人祖祖辈辈的执念：攀越高峰，挑战急流，在无人的旷野享受无数次孤独落日的余晖。这一切的无穷魅力，让人无法抗拒。

很多年以后我才知道，我的那些不着边际的美丽梦想老早就生出了翅膀。因为我有得天独厚的条件，但我不是你想的有钱人。我家房子很小，不过带一个和中档酒店的客房差不多大的小院。我的父亲是蓝领——一名钣金工。感谢老天眷顾，让我成为几百年不变的奖赏体系的受益者——身为白人男性，我接受了良好的教育——我可以开着老式的“庞蒂亚克风暴”汽车随心所欲地驶向更高、更惊险的地方。妇女和有色人种可没这么容易享受这种待遇，我却可以无所顾忌地拔腿就走，远离家乡单调的风景、浑浊的空气和那些逆来顺受的人，到世外桃源开始新的生活。平原上的微风总能吹散我心中的凡人俗事。

随着年龄的增长，尤其是最近，我越发忧心地意识到自己的生活失去了多样性。而且，我自己的见识使我认为，所有人都和我过着同样的生活。十几岁的时候，我在一次环保活动中听见一群妇女说，对一个群体、一种文化、一个性别或者一个地方的压迫就是对所有群体、文化、人和整个世界的压迫。大自然诲人不倦，那时，生活的意义对我而言就是发现和呈现。

* * *

早在1620年，弗朗西斯·培根就警告说，普世真理来得太快是件危险的事情——这种诱惑是邪恶的，“我们应该有所防范”。但是长久以来，科学都依赖于想象中的“普世真理”，即回到伊甸园的秘密不在于强化和地球的关系，而在于学会控制它，真该为此感到羞耻。不要惊讶，那些被认为最适合操纵它的其实正是已经在操纵它的人。

我们的文化一边引导我们排斥博爱精神，一边引导我们滥用自然资源，我们终于有了古希腊说书人嘴里的“悲剧性的弱点”（hamartia）。这个词暗指英雄人物身上的致命缺陷，即无论他们的出发点多么高尚，英雄气概导致的错误臆断都将让他们一败涂地。他们自光明之路而来，却可能会因“悲剧性的弱点”而以悲剧终结。

这是人类必须接受的挑战。小说和电影中总是出现这种场景，而且几乎每天都有政客名流为了追求权力、满足控制欲而身败名裂的新闻报道。他们很像玛丽·雪莱的小说《弗兰肯斯坦》的主角维克多，一个疯狂地想要成为著名科学家的人。当热情变成狂妄的时候，他创造了一个恶魔，然后自食其果。

“悲剧性的弱点”有药可解，其中一味良药就是大自然的智慧。正如奥格拉拉拉科塔部落首领路德·斯坦丁·贝尔所说：“旧时的拉科塔人是智者。他们知道人心离开大自然就会变硬，不尊重成长的人就会自取其辱。”到了正视大自然多样性的意义，从中吸取经验，在日常生活中充分利用它的时候了。

* * *

坦率地说，这堂重要的自然课——生态圈内涉及的种类越庞杂，其生命力就越强大的内容——实在不好把握。我们或许感觉自己已经伸出双手准备接纳了，但是接着就会掉进一个陷阱：我们以为自己在和别人建立联系，实际上是在试图让他们变得更像我们。

19 世纪，很多人对美国印第安人保护区的恶劣环境感到痛心疾首。出于关心，他们计划建立印第安住宿学校，可惜最后声名狼藉。这些学校的初衷是从非欧洲的传统——语言、服饰、歌曲和礼仪——中“解救”原住民。他们选择“根红苗正”的原住民儿童——必要时使用强硬手段，用上等的白人文化培养他们。他们的口号是：“相信我们，我们知道什么是对你们最好的。”最后，成千上万名孩子因此失去了宝贵的家庭和文化传承，甚至死于疾病、营养不良或虐待。

再回首，这类错误让人羞愧难当。虽然必须反省，但深陷其中不能自拔便成了另一种自我放纵。这种自我放纵只有特权阶层才能享受，它是另一个让我们丢分的“悲剧性的弱点”。除了后悔，我们应该吃一堑长一智，找到更好的行为方式。

我们可以从一个在中国流传了 2 000 多年的故事中得到启发。一天，一只筋疲力尽的海鸟被海风吹落在鲁国首都的郊外。一个好心的贵族于心不忍，命人把鸟带回自己的宫殿，用自己的银碗盛满最好的酒端给鸟喝。然后，他命人杀了一头牛，为鸟准备了隆重的王室盛宴，甚至传唤最好的乐师九韶奏乐为鸟助兴。可是，惊慌失措的鸟一直拒绝进食。第三天，它死了。

那个贵族从来没有意识到鸟的天性和鸟的需求。他如果能够早一点儿领悟，就应该送鸟回到海边，把它安置在受保护的巢穴内，留下鱼肉，让它享受其他海鸟的关怀。这是一个决策性的错误。他的“悲剧性的弱点”在于忽视鸟的天性，以为自己的意愿就是鸟的意愿。把自己的喜好想当然地看作大众的标准是我们常犯的错误。就像这个古老的中国故事的结尾一样，如果所有人都自以为是，那么谁都不会顾及他人。有人不是这样的吗？

第 4 课　性别平等

雌性不但没有依靠雄性，反而和雄性一起，为物种的生存提供了至关重要的平衡。只有性别平等，我们才能过上健康和充满活力的生活。

知其雄，守其雌，为天下谿。

——老子

如果你有幸拜访辽阔壮丽的肯尼亚，在猴面包树、木麻黄、血百合和西克莫无花果树之间散步，今天或者明天，你迟早会遇见最迷人的大型哺乳动物——大象。它们在这里生活了大约500万年，是地球上最聪明能干的物种之一。它们虽然身形庞大，重达5~6吨，但是敏捷活泼。它们的大脑具有陆地动物中最大、最复杂的结构。

倘若你隐藏在察沃国家公园半荒漠地区的水源旁观察，在一支由40头大象组成的队伍中，一定会有一头年长的母象引起你的注意：它是象群的“女族长”，在象群中安抚同伴或者在外围警戒，随时呼扇着耳朵或者抽着鼻子感受空气中的危险迹象。它年过五十，阅历丰富，如此阅历可为它的族群健康生活提供至关重要的信息。它不仅是防御狮子突袭的高手，还是寻找食物和水源的活地图，无论是 20 英里还是 30 英里以外的地方，甚至是几十年前拜访过的水坑，它都记在脑子里。

它的知识储备事关生死。研究表明，由年轻母象率领的生活在野生动物保护区的象群，即使经历数次严重的干旱也会固守家园，结果往往导致幼崽大量死亡。相反，由年长的雌性负责的队伍则会在大干旱出现的时候逃出保护区，千里迢迢搬到更容易找到水源的地方，确保所有成员平安，无论长幼。不幸的是，这也招来了肮脏的象牙生意。因为，象越老，它的牙齿就越大。年长的雌象是最老的成员，所以偷猎象牙等于割断整个象群最重要的智慧源泉。

象群的女家长是前任家长的长女，它卓越的母性才能大部分来自遗传。母象从小有意培养它的工作能力，通过多年言传身教，保证它在继任的时候学有所成。

它不仅掌握了寻找水源的知识，还和其他年长的雌性一起照顾进入发情期的母象。象群不分老少，集体照顾幼象，确保象妈妈专心产奶、喂奶，养活小象。

察沃象群领导者的优秀品质在于不像其他哺乳动物

那样滥用职权。虽然偶尔被冒犯，但是它有能力迎刃而解，或者更高一筹，先发制人。如果你观察的时间足够长，你便会发现它擅长协调。它能让那些个性突出、意见相左、经常“玩急眼”的队友安分守己，为了群体利益和平共处。它去世之后，通常会由一个女儿——如果象群分家，则是两个女儿——接班。

距离壮观的象群几英里远的地方，有几头猎食的狮子。狮子家族的生存也与某些雌性成员息息相关。观察它们要保持安全的距离。猴面包树参差不齐地站成一排，挡在青草丛生的洼地前面，我们可以躲在杂草堆里观察。大部分捕猎行为由母狮子完成，它们的合作模式令人震惊——要么围攻猎物，要么把猎物赶进埋伏圈。如果走运，我们可以看到带着小狮子的家庭，众多公狮和母狮聚在一起，共同抚养和保护幼狮，它们玩耍的场景很像幼儿园。和很多哺乳动物一样，成熟的母狮子几乎会在同一时间发情，这意味着它们将大致在同一时期生育，这样可以集中利用时间照顾孩子。这个组合简直聪明绝顶。

离开察沃的象群和狮队，我们可以沿着宽阔的维多利亚湖南岸一路向西穿越坦桑尼亚，走出在头顶盘旋的鱼鹰 7 英尺宽的翅膀投下的阴影，最终钻进刚果民主共和国的丛林。那里有我们的亲戚——聪明的倭黑猩猩，它们和人类的 DNA（脱氧核糖核酸）有 99% 相同。它们和大象一样听从雌性领导，年长的雌性社会地位最高，只有它们可以决定搬去哪里和什么时候动身。如果你看到一只倭黑猩猩猎杀森林羚羊，在它得手之后，一定会有一只年长的雌性倭黑猩猩走过去，把手放在上面。然后其他的成员才会聚集过来，纷纷伸出胳膊，等待自己的那一份。你也可能随时碰到激动的雄猩猩骚扰年轻的雌猩猩，如果他遭到反抗却还不知悔改，那么成熟雌性将群起而攻之。

雌性既有生育的职责也有领导的作用，这样的物种不胜枚举，包括猫鼬和鲸。在逆戟鲸的社会里，雌性和后代的关系如此紧密，以至于母亲死后，成年雄性在一年内死亡的概率相比母亲在世时增大 8 倍。简单地说，雌性哺乳动物的作用远不只是最基本的传宗接代，还包括维护各种涉及生死的复杂关系。曾深入丛林、荒漠、海岸线、大海或者草原的人明白，生命没有其他的存活方式。

事实上，在雄性和雌性体形差不多的哺乳动物中，雌性通常占据领导地位。即便诸如黑猩猩、大猩猩、狮子和狼一类的动物中雄性稍微高大一些，重大决策也是由雌性做出的。动物界的雌性体格健壮，给人印象深刻，但是确立它们地位的原因之一是它们善于结盟。从鬣狗、大象到人类，雌性的智慧和相关的天性比单纯的力量更重要，是生存的重要因素。

尽管如此，也不能无视自然界中的阳刚之气。察沃的象群里，年轻的公象在原生大家庭里生活到10岁或15岁，在自立门户之前，一直全心全意地维持群体稳定、保护团队安全。有的大象进入生育年龄，在离开原生群体的时候已经超过20岁，它们必须遵守严格的求婚程序，和心甘情愿的雌性交配，比如，先要把鼻子温柔地放在雌性的后背上进行试探，看对方是否愿意。

在狼和狮子的世界里，雄性除了肩负狩猎和保卫领地的重要职责，还要照顾幼崽——陪它们玩耍，为它们觅食。又是大自然，是它创造了一个雌雄两性各展风采，让大象、狼、狮子和数不胜数的物种繁荣发展的世界。一个性别比另一个性别更重要是人类的错觉，两者均衡才是大自然的表现。简单的生命的繁荣是雄性和雌性共同努力的结果。

即便如此，在过去 4 000 多年的大部分时间里，人类却无视这个事实，只宣传阳刚之气，将其作为世界运行的首要准则。可以这样说，这是人类在和地球互惠互利、长期共存的问题上所犯的最具灾难性的错误。

* * *

那么，我们是如何走出这种尴尬的境遇（人类表面上在努力了解大千世界，事实上却对天地万物的智慧视而不见）的呢？历史上，人类曾经歌颂和赞誉雌性的能力和远见。我们可以从古代的神话传说中获得部分信息。那些故事不仅描绘了有血有肉的妇女，更多地展现了强大的、原始的雌性能量，证明这种能量是生命的基础。雌性创造新生命的作用不言而喻，她们保护生命的作用也不容小觑。分享这些故事有助于人类追求幸福，引导人类找到创造性关系的力量，男人和女人可以同时受益。阳刚和阴柔并存的故事映射着自然界和谐统一的整体概念——生命发芽、成长和开花，丝丝相扣、不容分割。

有些古老的传说突出了雌性在创世时的作用。5 000 年前，生活在阳光充足、土地肥沃的爱琴海沿岸的古代皮拉斯基人说：

最开始，这里没有秩序、没有安定，一片混乱。后来，伟大强壮的母神从混沌中走来，面对杂乱无序的宇宙，她开始工作。她先把水和天空分开。完成这项工作后，她站在远处观察，感到心满意足。其实，她当时兴奋过头，踩在水里手舞足蹈。她在浪尖飞舞，在浪花中穿梭，一路向南。旋风尾随其后，把她吹得东倒西歪、脚下打滑。母神转过身，伸出双手抓住这股强风，然后将其揉搓成一条强壮的雄蛇。

稍稍跑一下题。说到蛇，你可能有些胆战心惊。纵观历史，在用掩埋许久的石头上模糊不清的字迹拼凑出的故事里，雌性通常和蛇联系在一起。比如，马其顿王国和克里特岛就是由与蛇为伍的女神统治的。部分原因是，人把蛇蜕皮的神奇能力和生育联系到了一起。还有，蛇既可以在地面生活，也可以在地下生活，这说明它们“接地气”，容易获得生命的能量。此外，据说有些蛇的毒液和某些植物、蘑菇的成分类似，可以影响女性的精神，以及进行身体治疗。

这些联想影响深远，所以现在我们仍然把蛇当作医生和医院的象征——一根柱子，两条蛇交缠盘绕其上，柱子顶端有一对翅膀，即“节杖”。

现在回到刚才的故事。

> 蛇被母神迷住了，绕着她的身体转了7圈，紧紧地缠住跳舞的母神。母神化身鸽子，在原始的大海上乘风破浪，待时机成熟后产下一枚“万能之蛋”。蛇把蛋圈在怀里。有一天，蛋壳破裂，母神的孩子们纷纷出现：月亮、群星、行星和地球，以及地球上的山川河流、花草树木和包括人在内的所有生物。蛇的能量只能通过母神的雌性能量传遍世界。但从另一方面而言，母神无限的创造力也是被蛇激发的。

在古代，类似的故事不胜枚举。西布莉——伟大母亲的另一个化身，也被称作“大圣母神”——的故事延绵不断，传遍亚洲、巴尔干半岛、希腊和北非。人们赞美她，不仅因为她具备女性的生育能力，还因为她拥有治愈大小疾病的神奇力量，保佑生灵健康兴旺。故事里无处不在的阴柔之力将慢慢帮助你形成新的世界观。

你可能会在晚餐的茴香和藏红花中了解阴柔的滋补能力，也可能会在用接骨木为被炉火烫伤的儿子疗伤时，看到阴柔的治愈效果。

或许你更愿意在大自然的循环中穷尽想象：燕雀翻飞，斗转星移，日月交替，四季更迭——夏天到秋天，接着是冬天，然后春天来了，夏天又开始了。

我们在狼、大象、河狸、狮子及其他成百上千种动物的文化里，仍然可以看到阳刚之气的“代表”——可以是雄性，也可以是雌性——肩负狩猎、打江山和保护领地等特殊使命。同时，无论是“他”还是“她”都需要具备雌性的“交际能力”，以此维护群体的稳定和自己的荣誉，以及传宗接代。这些都是生存的要素。

动物受益的阴阳平衡，同样有助于人类社会的发展。毕竟，我们也是大自然的一部分。更不用说，我们的大脑可以权衡利弊，并且对其进行选择和改进。

* * *

不同时代和不同地区的某些故事历久弥新，在今天仍像史诗一样讲述着更广阔的世界运转的真谛。下面这个传说来自古代撒玛利亚，名为“森林和芦苇的诞生”：

> 起初，只有一片汪洋。海洋被称作“人类的母亲”。广袤原始的大海生出了“An”（后来被叫作“天”）和“Ki”（相当于人类社会的“地”）。当黎明的光辉照耀在地球上的时候，女神“地”被眼前的美景惊呆了。她激动得满脸通红，开始装扮自己：她穿上一泻千里的绿色衣服，用鲜花和树叶做出艳丽的披肩，点缀上耀眼的钻石、闪长岩和白银。恰巧“An”正站在天庭向下看，他完全被“Ki”迷住，险些晕倒在她繁花盛开、石头遍地的翠绿色大草原上。
>
> “An”有了灵感。他穿上君主的华服，隆重地打扮，然后降落在“Ki”美丽的草地上。“天”和“地”很快坠入爱河，他们的舞步时而柔情似水，时而激情四射。“天”趁机把“森林”和“芦苇”的种子留在了“地”孕育生命的泥土里。崭新的生命——这次是挺拔的大树和柔韧的芦苇——在女神“地”的身体里蓬勃生长。

就像后来我们从科学课本中学到的那样，每一种生物的存在都要归功于天地的结合。天空把阳光洒在行星的沃土上，这是植物发芽、生长和结籽的必要条件。然后，植物为兽类、鸟类和昆虫的生命提供基本保障。在春天暖洋洋的午后，走在开满野花的草地上，你会很容易想起“Ki”和“An”的故事。与其凭空想象，不如认真观察身边的事物。你可能不会一下子就想到草地是阴阳合力的杰作，但它值得你细细品味。

现在提这种合二为一的想法确实让人感觉新奇，甚至莫名其妙。但就在 20 年前，气候专家还只知道关注头顶的大气层，特别是想弄清楚二氧化碳带来的变化。再看看如今，研究人员已经开始计算受全世界森林影响的大气湿度——在有些情况下，森林确实创造了天空中的“河流”。众所周知，二氧化碳增长导致大气变暖，进而引发干旱，局部地区的农作物将陷入灾难。除此之外，我们现在也知道要保护脚下的土地，即使森林和农田隔着十万八千里，破坏森林也意味着“偷走”农田里的雨水。

在一种非常真实的意义上，我们再次“撮合”天和地，希望它们像“森林和芦苇的诞生”里的“Ki”和

“An”一样。科学家正不断揭示万物相通的显著特征，将天、地、森林、土壤、植物和昆虫联系在一起，从崭新的视角向我们展示雌性不可或缺的作用。科学的表达方式虽然和神话的截然不同，但最终仍能促使我们意识到，只有雌雄平等，包括人类在内的大自然才能乐享其成。

* * *

约瑟夫·坎贝尔说，那个人类放弃神圣的人性和大自然的本性，把自己想象成个体和尘世的奴仆，禁锢在一种罪孽深重的状态中的年代，是一个“颠倒乾坤”的时代。这种观念能够从星星之火发展成燎原大火，很大一部分原因在于无视雌性的存在。

坎贝尔所指的时代大约始于公元前600年，其根源可以追溯到约3 000年前，农田集中、地主资产增长的时候。在那之后不久，暴君们开始接二连三地发动战争，为自己的王国掠夺财富，有如瘟疫蔓延。正是在这种喧嚣混乱之中，具有神话特质的文化发生了变化。坎贝尔所说的“颠倒乾坤”历经数百年终于完成，其间强大的统治者诋毁自然女神的故事，并用男神的雷厉风行取而代之。

新规则带出新故事：首先，伟大的女神要么被男神控制，要么被杀死。然后，男神吸取她的能量，代替她的位置。随着几个世纪的发展，剧情越来越激烈，男神演变成有权有势的“风暴之神”。从此进入了彰显男神创世的时代——拥有创造地球的超级能力，不需要雌性的无私奉献。自然女神的能力无处施展，被贬低为受苦受难的人类向男神乞求怜悯的代言人。这次巨大的颠覆远不只是晦涩的叙述转换，更是世界观的改变，人们开始淡忘和地球之间千丝万缕的联系。事实证明，成功需要智慧。没有雌性，智慧就像飞鸟被剪断了翅膀。

因为女神和被她滋养的大地受到排挤，妇女的生活也每况愈下。在古老的撒玛利亚女神文化中，妇女经商，从医，担任书记员、女祭司和法官。到了古希腊时代，大部分妇女不再拥有财产，不能离婚，不能投票，也不能主持公共事务。

在男性权益日盛的情况下，妇女的才能，包括创作激情都被嘲笑或者被当作对男性权力的挑战而遭受打压。古希腊人开始转换编造神话故事的风格，比如有关阿波罗挫败复仇女神的故事。复仇女神的传说源远流长，最初她们是代表女性力量的圣女，因为作为大自然的代表伸张正义而受人敬畏。但是在这个故事里，赋予凡人使自然屈服的能力的阿波罗对此大为恼火。最后，阿波罗在男人法庭上打败了复仇女神，为弑母的俄瑞斯忒斯赢得了宽恕。

故事中的复仇女神希望俄瑞斯忒斯受到惩罚。但是阿波罗在法庭上声称，男人是生育的决定者，女人只是一个容器；女人和孩子之间没有真正的血缘关系，所以，孩子杀死母亲无异于一个男人杀死陌生人。法庭接受了这一说法。人类对控制以复仇女神为代表的大自然的无能为力，以及激发创造力的那种朦胧的躁动，此时被看作被征服的敌人。

到了公元200年，罗马号称“西方神学之父”的德尔图良索性直接说妇女是“罪恶之源”。最早和女性沾边的动物，比如蛇就是邪恶的化身，所以古希伯来人把蛇塑造成撒旦的使者。后来为了证明女人不可信，撒旦又被编进了夏娃的故事。

虽然上述故事从酝酿到发生经历了好几百年，但是女性的优点，包括她们和伴侣所代表的生命的丰富内在联系也被抛于脑后了。

* * *

从那时到现在，世界不是由男女共同缔造的、女性由男性统治的错误观念一直存在。19 世纪，欧洲和美国纷纷通过发表一系列科学发现，“证明”女性没有创造力。当时即使是最进步的男性学者们也提倡一条原则：女性如果想要从事科学研究，那只能为男性提出的理论锦上添花。到了 20 世纪初，女性依然被高等教育拒于门外，理由是这样做会导致生育问题。

换句话说，连科学都在压制女性的声音，女性无疑被笼罩在阴影之下。鉴于宗教和科学对文化的深远影响，偏见无处不在也不足为奇。

当然，这也渗透了我的生活。少年时代，这种大大小小的宣传铺天盖地——运动场留给男孩，西部电影只有单人男主角，就连教材里也几乎没有女性。

小时候，令我爱不释手的那些自然书也偏爱雄性世界。事实上，1900—2000 年，以自然世界为背景的最受欢迎的童书中，由雄性动物扮演主角的可能性几乎是雌性的 4 倍。所以在动物园里，无论男孩还是女孩的父母在讲到动物魅力的时候都更常用“他”来指代。

就连我们讲述自己的故事时也一样。人类学家佩吉·里夫斯·桑迪指出，神话和传说告诉我们的是“他们和自然的关系，以及他们对宇宙万物能量的认识”。

结果不出所料，我和朋友们建立了一个概念：女孩和女人力薄才疏，没那么能干。同时，偏见导致我们对“原汁原味”的女神品质——包括男女共有的创造力、社交能力和生殖能力——视而不见。

直到快 20 岁，我真正走进大自然，亲眼看到这些力量相互交织的时候，小时候的偏执和对女性价值的错误认知才逐渐消散。我错了。男人错了。

* * *

如今，我们清醒地意识到，持久的创造性或科学的传统或制度，以及艺术、音乐、文学、哲学、心理学、医药学等的持续发展都不能只是片面地强调男性的主导地位。

连历史学家和人类学家都仍在一直为推翻这种狭隘的看法而努力。有关人类早期从事狩猎-采集的理论长期以来一直只看到男人打猎，提供主要食物，同时女人照顾孩子，采集可以食用的植物，却忽视了女性——和许多其他雌性哺乳动物一样——在建立和维持群体安定团结等方面的作用。即使就事论事，我们也无法判断到底有多少食物来自男人的猎物，有多少来自女人种植的植物。这就好比狼群的雄性首领体格强壮，就断言它是捕获麋鹿的关键一样。且不说雌性首领也是捕猎高手，事实上每次都是它们首先决定去哪里和如何找到麋鹿。

* * *

压制雌性在后排就座，实际上改变了我们对现实的体验方式。再强调一次，神话故事曾经一直歌颂雌性的凝聚力：她们稳固了人类和鹿群、鹿群和草原、草原和太阳、太阳和雨水、雨水和海洋、海洋和月亮圆缺的关系。这种关系牢不可破，但同时又带有潇洒的随意性和夺目的新鲜感。

如果生活中失去这些结合，少了这些关系，你看到的只是一个人、一棵树、一只动物，它们都只是孤零零的个体，这通常会让我们错过它们所拥有的重要联系。人们可能会消灭麻雀，因为它们吃米。但后来，人们会意识到没有麻雀，昆虫就会肆意繁殖，破坏大米，损失将更加惨重。

《道德经》中的“衣养万物而不为主”讲的就是雌性

的包容。学会“把握全局”才能从拯救局部的老观念中解放，转而放眼拯救全世界。

当我们以大自然为向导时，我们会发现只有真正让雌性回到和雄性平等的正确位置，我们才能内外兼收，过上健康和充满活力的生活。

此时，在内陆，成百上千只母狼首领正在恪尽职守地选择狩猎路线、训练下属、为保卫领土而战、为幼崽寻找避暑胜地。今年或者明年干旱的时候，象群的女家长将率队迁徙到远方的水源，目标精准，有如神助。它们的鼻子和眼睛绝不会放过隐藏在灌木丛中的任何危险。世界就这样延续，雌性的领导力在大自然中尽显无遗，从狮子、蜜蜂、狐猴、逆戟鲸、羚羊、章鱼、鬣狗、倭黑猩猩、草原松鸡到哈里斯鹰和翠鸟，无所不包。雌性不但没有依靠雄性，反而和雄性一起，为物种的生存提供了至关重要的平衡。

第 5 课　尊重动物

动物兄弟使我们更快乐、更聪明。尊重动物意味着除了对家人、朋友、邻居和祖国的爱，我们还应该培养对所有生命的热爱。

（动物）不是我们的同胞，也不是我们的下属，而是另类的国民，和我们一起被生命和时间的网缠绕。

——亨利·贝斯顿

1995年，黄石国家公园引进了14匹狼。若干年后，其中最年轻、最无名的一匹被野生动物学家称为黄石狼群的女主角。我们只知道它叫“14”。它的生活是个谜，很大一部分原因是它、它的同伴和它们带领的族群“三角洲组”忠实地按照人类的计划生活在美国大陆最偏僻的河段：黄石国家公园东南角，绵延20英里荒无人烟的特罗费里河谷。

在一个1英亩大的围场经过6周的适应生活之后，“14”被释放了。然后，它的生活发生了奇怪的转变。生物学家通过一次例行的跟踪飞行发现，它躲进了黄石国家公园北部靠近蒙大拿州的小村庄罗斯科，位于“懒惰的E-L”牧场正中的地方，筑窝并准备生产。它的族群成员包括另外两只成年狼和它的配偶——一匹代号为“13”的老年灰狼，生物学家私下亲切地叫它“老蓝”。它们都是“守法公民”，尽管每天都被牛群围着，但从来不捕杀牲畜。几个牛仔甚至有点儿喜欢“14”，其中一个对我说，看着它和麋鹿一起散步，那场景“实在美好”。

但是，有些邻居不这么想。野生动物相关机构的官员收到大量对“14”和它的族群不利的死亡威胁，于是决定为它们（包括 4 只新生的小狼崽）在不容易引发争论的地方安一个新家。

搬家成功。第二年，在黄石国家公园东南角出现了一个活跃的八口之家。那里大半年积雪覆盖——最冷的月份里，原住民麋鹿都不见踪影，它们已经在秋末的时候搬去暖和的地方了。这个地方对任何动物来说都是一个挑战。但是“14”和“老蓝”表现出色，机智地带队长途跋涉找到了那些藏起来的麋鹿。这主要归功于“14”的领导力。

很快，到了 1997 年夏。“老蓝”有些力不从心了。跟踪机上的生物学家发现它步履蹒跚地跟在队尾的次数越来越多。该出击捕猎的时候，它已经追不上队伍。冬天，生物学家通过近距离观察发现它的牙齿严重磨损，这是衰老的标志。其他成年狼得知它的身体状况，总是撕开刚被猎杀的麋鹿最坚硬的皮，然后退后，让“老蓝”第一个吃。

1998 年 1 月，“老蓝”的项圈反复传出短促的信号——狼不再移动，生物学家知道这是死亡通知。他们猜对了，“老蓝”死了。

失去伴侣的“14”从研究人员的视线中消失了。它没有带走幼崽，只身离开了哈特湖附近的家园。生物学家认为这是完全反常的举动。经过空中联合搜索，他们发现它踩着厚厚的积雪一路向西，穿过没有动物涉足的蛮荒高地，走到了松脂石高原。那里寸草不生、狂风怒号，“14”孤独地站在 10 000 英尺高的斜坡上，抬头看了一眼在天空盘旋的跟踪机，然后继续赶路，又走了 15 英里。

一周后，“14”返回故里，与家人团聚。虽然没有人明说它的出走是对伴侣的哀悼，但是一个生物学家在和我喝酒的时候默认了这种猜测。时至今日，他仍然认为这是悲伤过度的表现。

* * *

我们和数不清的生物一起分享世界，感受它们的生活、渴望、竞争、愤怒和恐惧，还有悲伤，没有什么比想到这个更让人心潮澎湃的了。这是一种在心底燃烧的交流感，也是世界各地很多故事模糊了人类和狼、鹰、兔子、熊、鲸等的界限，歌颂生命的原因。

人类和动物的平等关系可能会变得可疑，这在很大程度上说明了现代人类是如何学会看待世界的。好几个世纪以来，我们根本没有考虑过，如此高级优越的人会和长着鳍、羽毛或者四条腿的物种有相同的想法和感受。逐渐地，我们对此有了越来越多的了解。正如进化生物学家马克·贝科夫所言，大量哺乳动物，甚至鸟类有类似于人类控制情感的大脑系统和化学物质。发情的兔子多巴胺增长的程度不比热恋中的人少。很多哺乳动物的脑垂体在求偶期，和人类恋爱时一样，会分泌催产素。贝科夫指出，综合最近的研究发现，至少某些动物具有感受悲伤、快乐和爱的能力。

坦率地讲，那位默认“14”悲伤的狼学专家三缄其口完全可以理解，因为科学家强烈抵制所谓的“拟人论”。从字面看，这就是让其他物种有“人样儿”——假设它们难过、高兴或者表现其他我们在特定环境中产生的情绪。

我又回忆起20世纪90年代初，我和北夏安族长者坐在蒙大拿州加拉廷山脚下野花盛开的草地上的情景。我向他请教对“拟人论”的看法，他当时把目光转向一侧，摇着头说：“对我而言，它什么都不是。难道你看不出来吗？是我们学习了动物的特征，而非相反。”

***

生命是一场艰难的旅行，能否安心和满足在很大程度上取决于是否有能力鉴别什么值得珍惜，什么值得尊重。并不是所有人的童年都能像北夏安族长者描述的那样：成年人耐心地向年轻人灌输万物相通的观点。但是，即便我们没有得到那种特殊的教育，动物也可以帮助我们。它们有神秘的力量吸引我们的注意力，牵动我们的好奇心：它在做什么？它要怎么办？我们渴望走进它们另类的生活，期盼着世界足够大、足够安全，既能包容我们，也能包容它们。

在动物界，并不是只有狼看重情谊，会表现出在一起时的纯粹快乐和分开后的悲伤。事实上，我们已经从鹅、鸭子、马、兔子、猫、鲸、海狮和黑猩猩身上都发现了这种情感表达。2004 年，蒂娜在田纳西州中部的大象避难所死亡。它是一头 34 岁的亚洲象，生前深受喜爱。蒂娜死后，它的3个朋友聚集在它的小屋，用鼻子触摸它的尸体——野生大象惯有的行为。避难所的兽医在为蒂娜验尸后仔细地掩埋了它的尸体。第二天，其余的大象打破了保持距离的习惯，肩并肩地挤在一起，注视着蒂娜的墓地。它最好的朋友茜茜把它最喜欢的玩具——一只汽车轮胎——带过来留在了墓地。

无独有偶，几年前，我写了一部有关卡罗尔·努恩的传记。她是珍·古道尔的得意门生，创办了世界上最大的黑猩猩保护区，拯救了300多只黑猩猩。其中很多黑猩猩来自美国各地的实验室，它们被笼子圈在水泥地上，受虐待、被冷落，生命岌岌可危。一只生活在新墨西哥州、名叫菲莉丝的猩猩，参加过美国最早的太空实验。它的母亲于20世纪50年代末从非洲被带到霍洛曼空军基地实验室。菲莉丝接受了一系列太空飞行训练，包括“沙发训练”——从头到脚被套在一套衣服里，然后牢牢地捆在水平放置的金属架子上。这段体验太难受了，菲莉丝拼命想逃跑，结果腿部受重伤。于是，它终于可以退出训练了。

但是，噩运并没有结束。第二年，菲莉丝又被送进肝炎实验室。兽医为了提取肝脏的活体组织，把它打晕几十次。然后它被送进生育项目组，不停地和雄猩猩交配，直到怀孕为止。在其他时间，它就孤独地待在笼子里。就像它以前经历过的与母亲分离一样，它的孩子在出生后——少则几个小时，多则几天——也被带走了。不出所料，那段时间，菲莉丝的医疗记录显示它有严重的抑郁症。终于，在它过完32岁生日的时候，卡罗尔来了。它被带到佛罗里达开始新生活。那里有草地、美食、玩具和自由的天空，更重要的是，它有了朋友的陪伴。

卡罗尔·努恩经常半夜起来和黑猩猩坐在一起聊天，安抚它们的恐惧和焦虑。黑猩猩也全心全意地爱着她。卡罗尔因为癌症在保护区旁边的家里去世的时候，黑猩猩们默默地聚集在一起，悲痛地注视着她的房子，向它们的同伴和朋友默哀。

2018年，又一部让人心碎的悲剧吸引了世界的目光。一头名叫塔利奎的逆戟鲸在华盛顿州圣胡安群岛生下一头幼鲸。这是这个地区3年以来唯一活着降生的幼鲸。可惜的是，它在出生几分钟之后就夭折了。众所周知，鲸和海豚像大象和黑猩猩一样，会为逝去的朋友和亲人悲伤——一般会持续一两天。但是，塔利奎悲伤过度，它一直顶着幼鲸的尸体向北游了 17 天，在东太平洋冰冷的海水里穿越了 1 000 多英里。

* * *

也许，我们对某种动物在特殊时刻的行为举止的理解并不那么重要，更重要的是，我们首先要停下来感受一下它们的魅力。正如环境学家保罗 · 谢泼德所说，拟人论把我们和自然界联系在一起。它能产生一种认同动物、了解它们的欲望，“即便只是想想它们和我们没有区别都有积极的意义”。事实上，没有任何一种动物的生活体验和人类或者其他动物的一模一样。当然，动物间有类似和重叠的地方，它们融入社会的方式各具特色，和我们的千差万别，远远超出想象。当我们真正理解这一点的时候，我们便获得了和那些在地球上共生的同伴重新开始的宝贵机会，神秘和好奇将拉近我们的关系。

想象一下刚刚出生的小熊、小狮子或者瘦高的小驼鹿，它们欢快的哼哼声让我们感受到母亲和孩子间的联系。我们深信，面对孩子没完没了的需求，无论是喝奶、玩耍还是依附，母亲都永远有无穷无尽的耐心。我们可以感受到精力充沛的小山羊的喜悦，也可以体会到在草地上追逐网球的狗的亢奋。

不过，面对这些可爱、有趣的动物时，心里只有温暖柔软的感觉远远不够，我们还要充分理解我们唇亡齿寒的关系。如果止步于可爱，漠视对它们生命的保护这个大课题，我们就失去了亲密关系带来的深层快乐和安慰。大自然中的每一只动物，每一天都在提醒我们不要泾渭分明地冷眼旁观。健康的地球撑起一张纵横交错的生命网，我们和熊群、狮群、狼群、驼鹿群一起通过这张网紧密相连。

* * *

1994 年，我第一次受邀为狼群重返黄石国家公园撰文，我感到非常高兴。近距离地接触那么聪明的动物——有机会观察它们在陌生的荒野中分工、协作、求生的过程——只是想想就让我热血沸腾。但同时我又有一点儿担心。狼美丽、优雅、聪明，被赋予了浓厚的神秘色彩。人们对狼既有真实的恐惧，也有深深的敬意，几百年来，它们似乎超越了生命本身，在神和魔的身份之间转换。狼是一种聪明、勤奋的食肉动物，像其他生物一样努力谋生，但它们常常让人不是神魂颠倒就是忧心忡忡。20 世纪 90 年代中期，黄石国家公园声势浩大地再一次引进狼群，这使我每次在走近它们时都犹豫再三。

狼群到来之前，来自世界各地的数百名记者和电影摄制组聚集在公园北缘支起的帐篷里。与此同时，在蒙大拿州的首府，一群愤怒的人举着“狼是动物界的萨达姆·侯赛因”和“狼群的危害相当于每天抽一包烟”的横幅游行。在狼群受到诸多死亡威胁的风口浪尖，运送当天，组织方派出掩护车队吸引可能开枪的人的注意力，并提前几周在驯化围场安装了高端军事监视设备。

返乡是动物的本能，所以狼要在驯化围场度过 6~8 周。加拿大在公园的北边，所以它们向北跑回家的冲动可能会把它们带到农场的腹地，这可能会是一场灾难。几个月后，狼群被成功释放，并且在“14”和它的族群搬离私人农场之后，抗议和恐吓暂时平息下来。

帐篷被拆了，记者转头奔向下一个大事件，只有我们核心小组的几个人继续留守。我们每天见证着 14 匹自由的狼创造的奇迹——探险、狩猎，在一块富饶但大约 70 年没有狼群涉足的旷野开疆辟土。随后几个月乃至几年的见闻让人眼界大开——从宁静的内陆到拉马尔山谷的东北入口，我们都偶然看到过它们——不仅有匪夷所思和惊心动魄，还有原住民常说的亲近感伴我左右。

我观察到狼群照顾小狼的鲁莽和团队意识，在它们追捕麋鹿的生死关头，我看到了它们惊人的合作表现。休息的时候，它们会在洞穴边闲逛或者到处溜达，好像除了山那边的东西，没有什么可以引起它们的兴趣。

它们一次又一次地带给我惊喜和心灵的震撼，就连嬉戏打闹的方式和频率都让我惊讶不已。比如，狼少年们会把麋鹿皮甩向空中再叼回来，就像好多飞盘在飞。再比如，一家子老老少少从山顶上顺着雪道滚下来，然后吐着舌头，欢快地跑回山顶再滚下来，一遍又一遍，乐此不疲。

* * *

所有科学家都建议最好和研究对象保持距离，然后提炼出可以被同行客观验证的结论。但是，在黄石国家公园观察狼群的时候，我便开始思考北夏安族长者耐人寻味的话——不是我们把个体和群体的诸多优点传授给了动物，而是动物启发了我们。毫无疑问，狼和其他很多动物是我们祖先的老师。还有，尽管我们可能聪明绝顶，但我们仍然没有——并且永远不会超过它们，它们是智慧的源泉。它们的知觉、直觉、体能、协调性和社交能力等都经过了数千万年的磨炼。从基因学的角度来说，每个地球居民都有自己的路径。无论是鸟类、野兽还是人类，那些能走到今天的都不是凭借侥幸——尽管人类稍微有一点儿运气——而是依靠超常的韧性。

对于那些和我们息息相关，可是尚缺乏语言来描述或形成理论的生物学事实，我们可以一边尽情发挥想象力，一边寻找方法。事实上，我相信这就是理解“14”悲伤的狼学专家的愿望。他不但进行了严谨的科学观测，而且思考了这些动物身上的那些看不到、测不出的特征。他的科学方法正是我们需要的，如果我们想要理智地、人性化地迎接前方的挑战，那么同时研究生命的两个世界——一个有目共睹，另一个神秘莫测——才是正路。

* * *

将奇妙和直接的科学观察结合是我们从笛卡儿时代的飞跃。拥护笛卡儿的人很多，他在17世纪的同事大部分相信动物没有人类最宝贵的特征：感觉或者情感。他们通常认为，动物悲伤的叫声无异于用力按压某个内置弹簧时发出的噪声。

17世纪，文化人难以接受动物会玩、会哭、会说，有情感，能以高度进化的方式分享重要的信息这一观点，主要原因是这违背了他们的宇宙观。对科学和宗教来说，任何人类和动物有关联的说法都是对创世法则的藐视。

其实，对这一观点的反对意见由来已久。16世纪，米歇尔·德·蒙田写道——这证明他远比同时代的人更有远见——人类把自己置于其他生物之上是愚蠢的。

“和猫玩的时候，我怎么知道是它在陪我还是我在陪它？”蒙田陷入沉思并说道，“为什么阻止我们和动物交流的是动物的缺陷而不是我们的呢？”

尽管如此，早期研究动物的科学家几乎全部信奉古希腊人的远离研究对象的理论。正如对女性和有色人种做出的所谓的科学结论一样，动物具有个性和社会意识的观点干扰了研究者的客观性。人类是被选中的——上苍赋予他们掌管一切的权力，可以随意处置其他生物。当时确实有人认为动物感觉不到疼痛的说法过于荒谬，但是，归根结底，动物和人没有关联依然深入人心。在古希腊神话中，阿波罗以俄瑞斯忒斯的母亲本质上是陌生人为由，成功解救杀母的儿子。1 700多年后，在现实社会中，有些人百般虐待动物，也是因为他们认为动物既没有感觉也没有灵魂。

我没有夸大其词，早期的科学——还有在科学影响之下的社会——致力于定义和激烈捍卫“他者”这一概念。因此所有的生物都被打上“低于”人类的劣等标签。当笛卡儿提出人类至上这个论点的时候，令他最得意的“证据”之一是“没有一头畜生会讲话”，仿佛只有人类的语言交流才配被称为智慧。

那么鸟类令人难以置信的复杂交流算什么？海豚或者鲸抑扬顿挫的交谈和家庭仪式又怎么解释？野狼、郊狼和狐狸可以通过十多种表情，调动爪子、头、尾巴和身体姿势，配合吠叫、咆哮和哀鸣等连贯地传递大量信息，与同伴沟通。还有，蜜蜂在回巢后会用舞姿告诉同伴花朵的位置。比如，“圆圈舞”代表距离在300英尺以内；“摇摆舞”既表明方向，又代表路途遥远、消耗体力。绒猴有多种发音方式，其中一种预警的声音特指附近有敌人出没；它们通过身体接触和其他灵长类动物建交。

我们知道动物有时候也会使用工具。比如，黑猩猩会制作并使用工具寻找工蚁；海豚会借助海绵在海底扫荡；渡鸦会用树枝钉住虫卵。我们见识过乌鸦组装玩具，海鸥利用高速路上行驶的汽车碾开贝壳。在白鹭筑巢的季节，鸟儿忙着飞来飞去寻找建材，这时短尾鳄会用鼻子一动不动地设下陷阱，等待鸟儿自投罗网。

动物学家艾伦·拉比诺维茨是世界上40种野生猫科动物的忠实守护者。他精力充沛，出类拔萃，对动物的交流有独特的见解。20世纪五六十年代，他还是一个生活在布鲁克林的小男孩，每当看到宠物主人对渴死的变色龙或者因干涸的水池而死去的乌龟置若罔闻，朋友或者家人对生病的狗实施安乐死的时候，他总会黯然神伤。

“这是缺乏同情……对动物的同情。我……知道，如果动物会说话，人就不会以这种方式对待它们了。”

拉比诺维茨小时候口吃严重，以至于从幼儿园到小学六年级一直作为残疾人在特殊班级学习。但是他发现自己在做两件事情的时候不结巴：一件是唱歌——喉咙开启，单词就会随着空气流动；另一件是和动物说话。有很多年，他在学校一言不发，在回到家以后却对着宠物——几只绿毛龟、几只仓鼠和几条变色龙滔滔不绝。

他的父亲发现儿子在和宠物相处之后变得轻松、喜悦，于是开始带他去布朗克斯动物园，主要是去参观挤满了狮子、美洲虎和老虎的著名的“大猫馆”。

小男孩和它们对视，总能感受到它们的忧伤和愤怒。他曾经努力尝试和人交流，但是每次离开“大猫馆”之后，他都觉得和动物交流比和人交流更轻松、更有意义。他反复对一只最聊得来的美洲虎说：“有朝一日，我会为你们找一个家。”

“我暗自发誓……有朝一日我能为自己发言的时候，我也会为它们发言。我一定会陪在它们身边。”

他果然做到了。1986 年，33 岁的拉比诺维茨不仅走遍世界，对野生猫科动物进行了突破性的研究，而且在伯利兹中南部的玛雅山脉东坡建立了世界上第一家美洲虎救助站。

* * *

幸运的是，到 18 世纪，动物没有痛感的理论开始瓦解。但是滋生这种理论的骄傲自大的思想仍然挥之不去。笛卡儿去世后 200 年，一个叫克劳德 · 伯纳德的男人荣耀登场，如今他被尊称为“实验医学之父”。他对参加实验的动物丝毫没有同情之心，并且认为和追求知识的崇高理想比起来，动物的痛苦不值得一提。“一名生理学家，”他写道，“痴迷于他所追求的科学理论，不会听到动物的叫声，不会看见流淌的鲜血，他只看得到自己的理论，这些生物只是他需要解决的问题罢了。”伯纳德的那些忍受不了动物哀嚎的同事，会默默地割断它们的声带。

伯纳德的妻子因为受够了他在家里做实验时惨不忍睹的场面和鬼哭狼嚎的声音，多年后带着孩子离家出走。然后，她建立了流浪狗——她前夫实验的受害者——救助站。

伯纳德信仰的核心思想是：科学家或者领袖为达目的，可以对“他者”——无论是动物还是人——不择手段。即便在今天，有时候有些人也仍然会有这种想法。

＊＊＊

不久前，终于明文规定不允许把黑猩猩关在 8 平方英尺的笼子里。它们是地球上最聪明、最感性的群居动物之一，却可能像卡罗尔·努恩救助的那些黑猩猩一样被关在笼子里 30 年或者 40 年，接受大剂量的精神药物注射，成为精神药物注射实验、药物毒性实验和模拟撞车事故的钝器创伤实验的研究对象。2015 年，美国鱼类和野生动物管理局宣布将美国境内所有黑猩猩列为濒危物种，这才从根本上遏制了利用它们做的生物医学实验和其他实验。美国国立卫生研究院随后声明，大约 300 只黑猩猩将全部退休。不幸的是，现在仍有很多黑猩猩滞留在实验室等待救助。

人类的进步并没有遍地开花。笛卡儿严重影响了西方人的世界观。他在各地宣讲时踢自己的狗，鼓励人们漠视其他生物，否认万物相互依存。这让人想起来就心情沉重。人们没有完全摆脱这种观念，但还是在不断进步。西方现代科学逐渐接受了数千年的原住民文化，获得了大量有关动物朋友的新知识。例如，大象大脑皮层里的神经元——负责高级认知能力——合成外部信息的能力可能比地球上其他任何哺乳动物都强大，甚至超过人类。基于这些发现，神经科学家鲍勃·雅各布斯宣称，他和他的同事认为大象“本质上是擅长沉思的动物”。受到刺激后，大象不会像人类和黑猩猩一样立即做出反应，它们擅长带着好奇心去解决问题。正如象牙海岸部落一直以来对大象的评价：大象聪明团结、沉着稳重。

此外，科学证明乌鸦能够理解因果关系，相当于一年级学生的水平；很多狗可以进行简单的计算；凤头鹦鹉知道叼走盒子上的锁，才能吃到里面的食物。

最近几年，我们得知大量动物有自我意识，换句话说就是它们知道自己的存在。2012年，一群优秀的神经学家联名签署了《剑桥意识宣言》，指出有证据表明很多生物，包括狼在内，和人类一样有“意识”。它们有“意识、觉悟和意图”——数千年来，我们一直认为这些是人类最基本的特征和品行。

我们还知道，有些动物会在家庭成员和亲属间建立和维持复杂的传统，类似于人类为了增强身份象征和归属感的做法。特定区域的鲸和海豚有特殊的交流方式，已经识别的包括 20 多种问候语和其他互动行为。海豚能用独特的哨音表明身份，告诉我们它们的名字。

我们对我们的动物亲属的科学认知不断更新，这既是拯救那些不懂得尊重其他生物的人的良机，也是我们的光荣使命。

* * *

我们接着说狼。我们对狼有那么强烈的反应——既有积极的也有消极的——部分原因可能是它们的社会和我们有惊人的相似之处。有些人类学家和人种生物学家在研究了狼复杂的社会行为之后，建议选择狼作为人类行为进化的参照物，它们比灵长类动物更合适。在某种意义上，这并不是新闻。撇开《小红帽》不说，从古罗马到拉科塔苏人，全世界各种文化中成千上万的传说无不呈现了人类和狼的原始亲属关系。

在现代罗马的中心地带，也就是被称为世界上最好的古典艺术收藏中心之一的罗马国家博物馆里，陈列着一座令人叹为观止的大理石祭坛。公元 200 年左右，这座祭坛为供奉战神和维纳斯而建。祭坛的一侧，雕刻着母狼给双胞胎罗慕路斯与雷穆斯喂奶的精美图案。

传说中，这对双胞胎是罗马的建造者。战神神秘地使圣女瑞亚受孕生下他们。故事发生在一个邪恶的国王统治的时期，他对这对双胞胎的美貌和力量感到惊慌失措，怀疑他们带有神力。为了防止失去王权，国王发下密令把他们淹死。国王命令心腹去执行这个残忍的命令，此人在动手的时候大发恻隐之心，没有把两个孩子淹死，而是轻轻地放在水面，让他们顺流而下。不久，两兄弟被一棵无花果树的树根拦下。从此好运接连不断。一匹善良的母狼发现了他们，不但救他们上岸，而且开始养育和保护他们。最后，一个好心的牧羊人和妻子代替了母狼，一直把罗马未来的领袖抚养成人。

两兄弟的生活多灾多难。经历了重重惊险之后，他们意识到自己并非凡人。可惜不是所有结局都是美好的。

他们在选址建城的时候发生了争执，雷穆斯被杀，有人说他是被罗慕路斯杀死的。据说，公元前 753 年 4 月 21 日，罗慕路斯在帕拉廷山建城，以自己的名字命名罗马。随后，他亲自制定了罗马法律。闲下来的时候，他作为大将军，率兵打仗。他继承了父亲超人的力量，屡战屡胜，就连特洛伊人也是他的手下败将。

罗马人对仁慈的母狼从盘根错节的无花果树根旁解救小男孩的故事津津乐道。如果没有狼、战神和圣女瑞亚的后代罗慕路斯和雷穆斯，那么罗马帝国将不会存在。在虚构的史诗里，战神认为狼是神圣的，所以一切都顺理成章。

野狼拯救并抚养婴儿的故事成百上千，罗慕路斯和雷穆斯的故事是其中最出名的。再比如，在古代的克里特岛，阿波罗和暴君米诺斯的女儿阿卡利斯生了一个孩子，因为害怕米诺斯大发雷霆，他们把孩子藏在了树林里。在那里，狼群给婴儿喂奶，一直守护到牧羊人过来解救为止。

10 世纪，爱尔兰国王在镇压外甥的战斗中被害身亡。王后阿克塔担心自己的生命安全，带着襁褓中的儿子科马克躲进了附近的树林。一天早上，她在大树下醒来，发现儿子不见了。她和仆人发疯似的搜遍了那片树林也没有找到。于是，她发出重金悬赏，寻找儿子。终于，猎人格雷克在“基亚斯洞穴”中找到了科马克。原来，母狼把他和自己的孩子养在一起。格雷克说，他发现科马克的时候，这个男孩正快活地和狼族的兄弟姐妹打成一片。

这样的故事不胜枚举。在塞内加尔，狼是神“罗格”（Roog）创造的最聪明的物种，是伟大的预言家。据说，即使地球上的人类灭亡，它们也将永生不死。在日耳曼人、凯尔特人和蒙古人的神话中，狼既是迷路之人的向导，又是天神的使者。在意大利南部、伊朗、土耳其和车臣的远古社会中，所有氏族成员都自豪地说自己是狼，或者至少是狼的后代。

与此同时，从奎鲁特人、内兹佩尔塞人、奥杰布瓦人、祖尼人到波尼族人的北美原住民（被其他部落称为狼人），还有其他很多人不仅把自己看作狼的传人，而且对狼极其尊重，把它们当作生活的导师。

说到我自己，在黄石国家公园和狼群相处了短短几个月，我就完全被震撼了。它们知识丰富，思维敏捷，俨然一个高度理智、亲密合作的团队。那些年，我目睹了这些动物的生活，就像几百年来人类所经历的那样：一起竭尽所能地保护食物；化解家庭成员的矛盾；在边界突然遭遇其他狼群时集思广益，应对危机，以高度协调的方式做出反应，全身而退。简而言之，它们在相互信任和互惠互利的基础上建立和保持着一种弹性关系。

除了力量和速度，还有一种行之有效的管理风格。有强大凝聚力的狼群接受队员随时离队。年轻的成年狼可以完全脱离团队一段时间，到处漫游，如果没有找到合适的伴侣，仍然可以归队，并且会受到热烈欢迎。

我在黄石国家公园的德鲁伊峰、苏打孤峰和沼泽溪观察到狼群在照顾幼崽时所表现的非凡的奉献精神。从 5 月到 9 月，雌性首领精心挑选既能遮风避雨、防范食肉类动物又便于狩猎的地方，安排所有的成年狼轮流陪护小狼。在狼群突击打猎的时候，总有一部分成年狼留下来陪狼崽玩耍。“工作队”在回来之后，会把胃里的食物吐出来喂小狼。然后大家换岗。

“养育一个孩子需举全村之力”（it takes a village to raise a child）这句俗语也许就源自悉心照料幼崽的狼群。

狼群的大部分行为有益于维护团队的合作关系，这是生存的必要条件。但是只有气味相投才能谈合作，这点和人类社会一样，竞争对手是不会和睦相处的。总之，同心协力才能使族群的发展蒸蒸日上。如果团队里喜欢出风头的狼多，获取食物就会更难，因为狩猎尤其需要处理好取和舍的关系。如果团队缺少协作，不但幼崽被食肉类动物捕杀的危险性会增大，成年狼在争夺地盘时的死亡率也会提高。

很长时间以来，我们一直认为狼是最早被人类文化接纳的动物之一。故事是这样开始的：有人捡到一只孤独的小狼，带回营地喂养。但是我们是否可以试着想象另一个完全相反的故事呢？比如，勇敢但友善的狼群在人类的营地附近出没，精明地选择了我们作为社交伙伴。正如普林斯顿大学的进化生物学家布里奇特·冯霍尔特所说，不是适者生存，而是“和睦为生”。

* * *

承认人类和动物的关系可以让我们心境平和，找到归属感。追寻在林中一闪而过的白尾鹿，观赏在窗外觅食的鸟儿，和狗四目相对，或者挠挠小猫耳后的毛，这些都是我们和它们之间的一种圣洁的联系。

毫不奇怪，曾经教会我们珍惜野生哺乳动物的智商和情感的科学，最近又告诉我们圈养的动物也有强烈的意识。比如，猪尽管已经被人类驯养了大约9 000年，但仍然表现了超强的理解力和适应力。它们有优秀的记忆力，并且能够区分主次；能够明白语言和动作指令；喜欢玩耍——用鼻子拱沙滩排球、探索新环境或者一时兴起跳进水里游泳——简单地说，只有适应能力最强、智力最复杂的动物才能表现这样的童心。还有奶牛，几乎所有农场主都会说，它们特别友善，个性分明，对压力的反应和人没什么不同，知道感恩也知道记仇，无论对象是人还是其他动物。

现在，几乎没人会赞同过去那种粗鲁无情地对待动物的方式。但是，多数人显然有意回避了动物以生命为代价带给我们的福利：每天的培根、鸡蛋和牛奶。

早在17世纪，才华横溢的生理学家罗伯特·波义耳就曾宣称，虐待家畜是亵渎造物主的行为。1641年，新英格兰马萨诸塞湾殖民地颁布法律，禁止“蛮横或者残忍地”对待家畜。进入中世纪的欧洲仍然没有过多关注动物的幸福，学者和神学家强烈呼吁不要残忍地对待其他动物，因为这会对人性造成可怕的危害。约150年前，查尔斯·达尔文告诉我们：“低级动物和人一样，能清楚地感受到幸福、痛苦、高兴和悲伤。”

这是全世界最令人揪心的动物话题之一。作为人类食物来源的圈养动物聪明伶俐。它们，就像我们，就像红杉、倭黑猩猩、美洲虎和鹰一样，不是可有可无的小配件。在过去的50年里，它们被所谓的“集中饲养计划”养在恶劣的人造环境里，难道我们为了获得食物，就要漠视动物无聊甚至痛苦的监禁生活吗？能否在改善它们生活的同时保证人类的食物来源呢？

在仅仅大约60年前，美国多数农场采取多种经营的模式。农民种植不同的作物，饲养各类动物，用农作物喂养动物。大部分猪、牛、羊和鸡有足够的时间享受天地间的生活。但是二战带来的发展很快彻底改变了农场的格局。20世纪初期，德国率先使用硝酸盐合成氨肥料（后来用于制造炸弹）促进农作物的生长，二战结束后，这种肥料开始在美国流行。化肥、杂交种子、杀虫剂和更高效的种植机及收割机促使产量提升。到1970年为止，美国的玉米产量提高了5倍。也就是说，突然间玉米大量出现。

事实上，不只玉米，其他谷物也供过于求。市场调控导致粮价下跌，使得谷物适合用来饲养动物。这为动物圈养农业的爆炸性增长奠定了基础。现在，美国四大集团为人们提供了81%的牛肉和牛奶、60%的猪肉、73%的羊肉和50%的鸡肉。多如牛毛的牲口挤在饲养场里，饱食谷物。用于生产小牛肉的新生牛犊被锁在小得不能转身和平躺的畜栏里。种猪有时候一年被囚禁10个月，或者，如果人工授精，它们在大部分时间里会被限制在小得不容转身的猪圈里一直到死。下蛋的鸡通常一辈子生活在用铁丝编的大约18英寸长、12英寸宽的"多层鸡笼"里，有时候几只鸡会挤在一个鸡笼里。

一方面，大规模的圈养对环境影响重大。20世纪50年代，人们发现抗生素可以使牲畜增重，所以这类药物开始在传染病易发的饲养场流行。接着，抗生素通过食物和水源进入人们的身体，导致耐药细菌过度繁殖，影响人体健康。仅在美国，每年治疗这种感染的费用就超过20亿美元。

另外，从动物产品加工厂流出的废水致使美国17.3万英里的水道成为没有生物的"死亡地带"；动物农场是美国超过一半的土壤侵蚀和三分之一饮用水氮、磷含量超标的罪魁祸首；猪肉加工厂废水的污染强度是未经处理的人类污水的76倍。

接下来当然要谈谈动物了。1964年，英国人露丝·哈里森的书《动物机器》点燃了改善农牧产业环境的火种，这场斗争已持续了50多年。蕾切尔·卡逊借《寂静的春天》抑制了杀虫剂在美国粮食作物上的使用，哈里森则替英国农场的动物争取权利。她指出了家畜受罪的两个根本原因——让事情恶化的一些改变。她说，第一，农场主和动物的私人关系被割断，动物不再是农场日常生活的一部分；第二，把动物搬进巨大的、没有窗户的厂房——彻底脱离了公众视线。

《动物机器》问世后不到一年，一群顶尖的生物学家、兽医和动物学家一起帮助政府做出了回应。这是一次飞跃，英国宣布，必须将改善农场动物的健康和待遇提上日程，不仅包括动物的身体状况，还包括它们的精神状态。英国政府签署了“五种自由”——保证所有动物最基本的自由。

享有不受饥渴的自由。

享有生活舒适的自由：包括足够大的居所和休息区。

享有不受伤害、痛苦和疾病折磨的自由。

享有表达天性的自由：确保动物有足够的空间及同伴。

最后，享有不受惊吓的自由。

不久之后，其他国家开始效仿。

值得注意的是，这样的政策相对增加了消费者的开销，但是不多。当然，总有反对的声音。美国人针对动物“表达天性”的要求极其抵触。很多倡导大规模圈养动物的人提出经济诉求，申辩说这样的运作极大地减少了动物患病的可能，提高了治疗疾病的速度，实际上改善了动物的待遇。

于是，出现了剑拔弩张的局面：人类与动物剪不断的联系与人类经济利益的对立。

1997 年，欧盟的一组顶级科学家考察了养猪场小型“妊娠房”的效果，那里的母猪被拴着脖子关在不能转身的小型猪圈里。这个团队得出的结论是，即使是最好的环境对猪来说也是残酷的折磨，种种迹象表明它们极度抑郁。结果，这种养猪方法被淘汰了。不久后，澳大利亚进行了类似的调查，但是这一次的研究人员——一部分支持身体健康，一部分支持商业利益——得出了相反的结论。直到今天，美国都普遍否定欧洲的研究，支持澳大利亚科学家的观点，继续推广“妊娠房”。

我们对动物的心理和情绪了解得越多，就越能看清远离疾病和躲避敌人只是它们生活的一小部分。约 70 年前，美国比较心理学研究者哈里·哈洛认为在评估猴子的行为举止时，必须确保它们没有受到疾病的影响，所以准备培养一组无病的恒河猴。这看起来是个好主意。为了实现目标，他把刚出生的小猴子单独关在笼子里，它们可以听见和看见其他笼子里的其他猴子，但是不能与之接触。哈洛如愿以偿，在疾病检查中，猴子的健康状况良好。不过没多久，他惊愕地发现猴子开始狂躁不安。

他说：“实验组的猴子坐在自己的笼子里发呆，围着笼子不停地转圈，用手抱住头，把头埋在胳膊里，长时间地摇晃。”这和人类受到创伤后的表现一模一样。猴子身体健康，但是没有感觉到快乐和舒适，失去了幸福。

* * *

著名的动物学家坦普尔·葛兰汀说：“我认为食用动物是一件合乎伦理道德的事。但我们必须正确对待这件事，必须给动物体面的生活和没有痛苦的死亡。我们对动物缺少尊重。”

有些人选择少吃肉，有些人则完全不吃肉。有人建议购买那些有证书表明受到人道主义待遇饲养的食用动物。好吧，都不错。但是，我们需要为农业产业化做一些简单而有效的改进——真心尊重为了全世界的人类付出生命的所有动物。即便已经有所改善，我们也仍然应该记住，面对强大的诱惑要保留底线。

2017 年，在英国脱欧的争论中，英国保守党竟然倒退 400 年，出人意料地宣布动物没有感情和感觉——这与露丝·哈里森的书和成百上千个拥护她的生物学家及兽医的研究成果相悖。随后，他们又投票否决英国和欧盟立法，拒绝承认动物有知觉，可以感觉到疼痛。

重提对农场动物的尊重和同情——同情是人类的天性——可以弥补我们和世界其他生物之间由来已久的裂痕，这种偏见导致我们对其他生物的痛苦视而不见。永远善待所有生物是找回本心的捷径。

* * *

10 月，北落基山脉进入秋天，但是天气暖洋洋的，更像夏天。不过，对黄石国家公园的众多徒步客来说，只要竖起耳朵倾听山谷，就能知道季节在变换。雄麋鹿刺耳的求爱号角声响彻群山，这是它们发情的高潮期，它们殚精竭虑地求偶，有时候顾不上吃或者吃得很少。

这个秋天，雄麋鹿拥有的是去年冬天带来的皑皑白雪——随着气候的变化，这种情况变得越来越少了。就像其他有蹄类动物在春末的时候一样，麋鹿用鼻子拱着消融的雪线，品尝了一年中最娇嫩、最有营养的牧草，然后顺着山坡一直爬到了高原。生物学家说，在积雪丰厚的年头儿，麋鹿可以脚踏“绿波”进入8月。在雪水少的年份，草通常在7月中旬就开始枯萎，雄鹿在发情期就会缺少正常的激情。

狼天生善于观察。它们发现，如果冬天不冷、春雪易融，雄鹿在发情期结束的时候通常就更筋疲力尽。换句话说，这种通常被狼视为最危险的猎物，不会对它们轻举妄动的强壮动物，此时可能是很脆弱的。但今年也许不是这样的。今年，雪水丰沛、草木繁盛，雄麋鹿大快朵颐、体力旺盛，如冬天一般坚不可摧。狼无机可乘。

在黄石国家公园的荒野——号称美国的塞伦盖蒂大

平原——中不可能感受不到在这里安家的动物的天赋。不仅精明的进化带给了动物适应环境的能力，而且它们在环境中做出了有意识的选择。在狼的世界里，捕食者和猎物都在评估危险。比如，麋鹿警惕地观察着附近的狼群，需要判断它们是路过还是摆出了准备进攻的姿势。与此同时，狼群如果有意出击，首先会刺激鹿群跑起来，在奔跑中对最弱的鹿下手：也许它呼吸沉重——有时候这是肺炎的征兆——也许它一瘸一拐。假如没有找到这样一头不堪一击的鹿，狼通常选择撤退，避免因穷追不舍被鹿踢骨折，甚至被杀死——扑倒劲敌的时候有可能发生这种情况。

渡鸦自始至终在天空盘旋，俯视着这场戏剧。它和狼群有某种默契——它给狼群带路，接受狼群成功后的施舍。渡鸦的嘴撕不动鹿肉，所以狼帮助它。狼饱了，渡鸦也饱了。山脚下的树林里，郊狼正虎视眈眈地盯着渡鸦，盘算着怎么能在不被狼群攻击的情况下得到一份残羹剩饭。

如果有一头鹿落入狼口——这种可能性是20%——剩下的鹿会变得更强壮。未来几年，狼群面对慢性消耗性疾病的概率也会增大，但它们可能会表现强大的控制能力。慢性消耗性疾病是鹿群的神经系统疾病，它会破坏大脑和神经系统，传染性极强，早期症状为疲倦嗜睡。言外之意，第一批落入狼口的猎物很可能带病。

* * *

7个月之后，这里将出现一片欣欣向荣的景象。小野牛像踩高跷似的蹦来蹦去，和围成圈保护它们的长辈玩耍；刚出生没几天的小麋鹿一路小跑地追赶母亲和同伴；熊从洞里爬出来，在空气中搜寻冬天丧生的麋鹿和鹿的气息，它们总是懒洋洋的，最喜欢白天躺在背阴的“床”上伸懒腰、打呼噜，等待下午的热浪消退。

动物在荒凉多变的环境中艰苦求生，和我们一样为了生存拼尽全力。

尊重动物意味着除了对家人、朋友、邻居和祖国的爱，我们还应该培养对所有生命的热爱。热爱——以万物相互依存为荣——并不意味着拯救某一个物种，而是意味着拯救万物。

狼、大象、海豚、鲸、渡鸦，还有牛和猪都可以为我们指路。你一定能够感受到其中的不同凡响。

第6课 效率至上

阳光支撑起地球上所有的生命。大自然讲究效率是因为生命能够获得的能量有限。那些最有效率的物种就是活得最长、活得最好的生物。

从某种意义而言，我们生活的各个层面都决定着世界的模样。

——弗朗西斯·摩尔·拉佩

几年前，科普作家奥利弗·莫顿以一场别出心裁的头脑风暴引领我们了解了地球接收的阳光所包含的巨大能量。他把太阳的能量比喻成一条河——更确切地说是一座瀑布——先让我们想象尼亚加拉大瀑布的样子，然后把瀑布的高度增加到原来的20倍。这样算来，原本187英尺高的马蹄瀑布瞬间高达3 700多英尺，差不多有3座帝国大厦那么高。接着再把流量增加10倍，我估计的结果是比密西西比河每秒注入墨西哥湾的水量的两倍还要多。

即便如此，这与太阳的能量相比也还差十万八千里。莫顿又让我们把瀑布加宽——无限加宽，直到瀑布绕赤道一周为止。最后我们大得不能再大的瀑布是这样的：3座帝国大厦那么高，沿着赤道环绕地球一圈，每秒有数十亿吨水飞流直下。

这么大的能量让人目瞪口呆。换句话说，太阳 1.5 个小时产生的能量超过人类全年从其他资源获得的能量总和。

阳光直接或间接地支撑起地球上所有的生命。大自然一直强调效率，这听起来有点儿令人匪夷所思：有这么充足的能量，为什么还要讲究效率呢？树上的每一片叶子都精细到亚原子水平，以使每一个气孔尽可能多地吸收阳光。每一种生物的身体功能都在高效运转，这种效率一直让物理学家、建筑师和设计工程师望尘莫及。事实上，尖端科技正在模仿生物的效率，比如高铁、疫苗、滤水器和风力发电站。

大自然讲究效率是因为生命能够获得的能量有限。每一种生物补充燃料——像小草一样直接吸收阳光，或者像黑斑羚吃草、狮子吃黑斑羚那样间接获得——都要消耗大量的能量将其转换成有用的东西。我们生活的地球的确有取之不尽的能量来源，但是，从生物学的角度而言，每一条生命对阳光的珍爱和物尽其用的策略都是与生俱来的。生命最基本的意义就是为更多的生命助攻——在生态系统接受的范围内，长出最多的树，开出最多的野玫瑰，飞出最多的蝴蝶。那些最有效率的物种就是活得最长、活得最好的生物。

获得格莱美奖提名的黑脚族音乐家杰克·格莱斯顿是土生土长的美国人，和冰川国家公园比邻而居，他对此有独特的见解。他说，他在音乐里倾注的东西其实就是生命力——每一个物种的生命力，每一个生态系统的生命力。“总归是三样东西：和谐、平衡和节奏。”无论是谁，拥有它们定会活出游刃有余的一生。

他真是一语中的。大自然关注的就是这三件事，而且件件关乎能量。比如，可以把“和谐”看成顺其自然，不排斥、不抗拒。一只迁徙的野鸭不会顶着狂风飞，把自己累个半死，而是会收拢翅膀等待好天气。可以把“平衡”理解为均衡的能量吸收和付出。同样是那只野鸭，它在吃饱喝足之后将调动每一个细胞开始下一次消耗体力的飞行。最后是“节奏”，它包括每一天、每一个季节、我们生活的每一个周期——在激烈活动和休养生息之间转换的规律。熊为了减少新陈代谢，会在大雪纷飞、食物难寻的寒冷天气里蜷缩在窝里，一直睡到开春。

在大自然中，和谐、平衡和节奏——避免浪费的艺术——随处可见。比如行动迟缓、笑容甜美的树懒，毫无疑问，作为一种生活在树上的动物，树叶就是它的全部。乍一看，树叶作为一种食物平平无奇。毕竟，世界上有很多地方枝繁叶茂，密密匝匝的树叶就那么挂着，等着被摘下来。但是这里暗藏玄机，而且不止一个。首先，不是所有的树叶都易于消化。其次，树叶往往没有那么多营养价值。事实上，哺乳动物光靠嚼树叶所获得的卡路里会使其寸步难行，即使像树懒那样一点一点地挪动也不行。

在中美洲和南美洲，二趾树懒和三趾树懒早在几百万年前就精确地掌握了树叶和运动量的比例关系。这两种树懒——区别在于脚趾——来自彼此独立的家族，没有任何交集，分别解开了这道难题。

它们周围全是树叶，食物充足，可是缺乏营养。这是个问题。怎么办？首先，它们用两只脚倒挂在树枝上，把自己埋在食物堆里。这种进化结果节省了能量。挂在树上总比每天头朝上在树枝间找平衡省力气。其次，它们完美的窄肩长臂，可以让它们长时间地悬挂在一个食物唾手可得的地方。

树懒降低自己的体温，大幅度减少对卡路里的需求。

包括人类在内，大部分哺乳动物的体温保持在 37 摄氏度左右，除非生病，否则几乎没有变化。但是，树懒可以根据需要，在 23~34 摄氏度的范围内调节体温。你肯定想到了，23 摄氏度太冷。所以，树懒生活在热带丛林里，而且经常在树顶晒太阳取暖。准备睡觉的时候，它们会缩成一个球，窝在树枝分叉的地方，以此保证身体的热量循环——另一种保存热量的方法。

它们还有更让人震惊的节能方法——“出租”皮毛。很多小生物在它们的短毛外衣上安家落户，包括甲壳虫、飞蛾和蓝藻。喜欢潮湿的藻类对树懒的毛发情有独钟，在雨季，树懒的颜色可能会变成漂亮的绿色。一方面，这在树上是很好的躲避捕食者的伪装，但更重要的是，每次树懒舔毛的时候，它的舌头都会卷走一些藻类，这可是额外的营养。

最后，我们看看它们著名的慢动作——的确，树懒干什么都慢悠悠的——也是为了节省能量。它们需要整整一个月才能消化一顿大餐，简直慢得出奇。但是每次肠蠕动之后的排便——一周只有一次——可以使它减掉至少 30% 的体重。

总而言之，树懒就是一副懒得出奇的样子。但它们是真正的节能高手，是炫耀和谐、平衡和节奏的魔术师。正是因为这样，它们才生生不息，而它们的远亲——生活在地面上的巨型地懒早已经从地球上消失。

* * *

一般认为，现在地球上有大约60 000种哺乳动物、鸟类、爬行动物和鱼类，还有超过30万种不同种类的植物。它们视效率为生命，所以能够生生不息。鸟儿飞翔，狮子奔跑，蜜蜂采蜜，鲜花盛开，苹果成熟，鱼潜水底，大树参天——它们对能量锱铢必较。你的身体也是如此。为了吸取食物中的糖分，你体内的所有细胞精确分工——一点一点地分解。分解过程中会释放少量能量，其余的被储存在特殊分子内供日后使用。根据理论分析，这样做和一次性分解的结果并没有区别。但是如果能量过分集中，细胞不能完全吸收，有一部分能量就会被浪费，以热量的形式丢失——就像所有能量最终的归宿一样。这就像一个人整晚守在壁炉边取暖，他会在需要的时候加一块木头，而不是一股脑儿地把木头全塞进壁炉一样。

和树懒天差地别的生活是什么样子的呢？看看蜂鸟

吧。它们嗖嗖地飞来飞去，翅膀大约每秒扇动 50 次。显然，它们的战略之一是多吃——相当多——每天摄入的食物总量是体重的 2~3 倍。如果把蜂鸟想象成人，那么它们每天狂吃的花蜜相当于 15 万卡路里——人体正常需求的 75 倍。

蜂鸟高效生活的绝招不仅靠吃，对效率的追求是无止境的。这种精致的小鸟会严格控制体重。为了减少在花丛中奔波时的负担，它们放弃了大多数鸟类特有的蓬松的羽毛，失去了保暖的外衣，所以在晚上的时候，它们几乎可以随时进入全休眠状态，体温降低将近 10 摄氏度，心跳从飞行时的每分钟 500 次降到每分钟 50 次，几乎没有呼吸。

还有很多生物通过装修房子打能量战。比如，蜜蜂运用复杂的几何图形建造蜂巢。事实上，它们掌握了人类已知最有效的储存方式。工蜂分泌的小蜡丸被严丝合缝地拼成略微向外鼓的六边形蜂巢。古希腊人认为这个设计是神来之笔。大约 2 000 年后，密歇根大学的数学家托马斯 · 黑尔斯用了整整 250 页的篇幅证明蜂巢的六边形设计绝对是最经济实用的几何形建筑——最小的表面积，却有最大的容积。其他的几何图形——比如三角形或者正方形——则需要占用更大的空间和更多的建筑材料，言外之意——需要更多的能量支出。

＊＊＊

我在前文一直讲大自然的运作——它如何繁衍、如何自愈、它独特的设计与进程对改善人类生活的启迪。最后，我想说说它效率至上的原则对我们的深远影响。

100 年前，匈牙利伟大的生物学家埃尔文·鲍尔列举出了 3 个生存的基本要素。其中之一是：所有生物都有能力利用自由能量来行动、思考或者生长——他说，从根本来讲，这就是“运作”的能力。当然，没有生命的世界不是这样的。从能量的角度来看，物体的“行为”更直接，它们遵循你在学校里学到的基本物理定律。第一条是艾萨克·牛顿提出的——除非有外力作用，否则物体将处于静止或者匀速运动的状态。第二条是，每一个作用力都有一个大小相等、方向相反的反作用力。击球员用力打出一球，根据击球的速度和角度，以及球的速度和飞行的角度，可以判断出当球的能量用尽的时候，它可能会落进某个激动的粉丝之手。这段内容到此为止。

但是，生命体不一样。我们为了收获更多能量而不停地消耗能量。细想一下，生命的意义其实就是创造更多的生命。而且，为了实现这个目标，必须无止境地追求效率。或许，我们可以从中得到一些启示，思考一下应该怎样度过一生。

我们对幸福生活所做的思考是不是在浪费能量呢？众所周知，思考会引发一系列分子水平上的反应。每天你会让你的身体做很多事情：早上你想起床，于是你的身体起床；你抬起手和朋友打招呼，或者弯腰抚摸狗的耳朵。即使想偷懒——不想动——心如止水或者焦躁不安也会惊动细胞。任何一个想法都可以导致温和或者明显的能量消耗，甚至是巨大的能量浪费。

接二连三的证据表明积极愉快的沉思有利健康。健康——形神合一——的确是一种效率。反之，长期愤怒、失落，纠结于我是谁、我需要什么，则会让人脆弱。现代神经学建议我们积极地创造现实——很多我们认为外界发生的事情其实就是我们心中所想的，并且，无论老少都可以随时改变思考的习惯。如果我们把大自然讲究效率理解为花最少的力气，是否可以在生活中做到少一些钩心斗角，巧用心思创造充满活力的生活呢？

＊＊＊

你可能费了九牛二虎之力，却仍然感觉前途渺茫，不由得懊恼烦躁，这种情况通常从幼年开始贯穿一生。人们总是拒绝接受最真实的内心。我够苗条吗？够漂亮吗？够聪明吗？别人认为我成功吗？他们会认可我爱的人吗？人人都焦虑。这些胡思乱想耗费大量的精力，到头来让人深陷其中无法自拔，最后否认自我、朋友和家人，乃至整个世界——我们真正应该珍惜的东西。

无论是阿尔伯特·爱因斯坦坚持在普林斯顿大学的小树林里散步，有意打断自己固有的思维模式，还是沃尔特·惠特曼在新泽西州的树林里接受身体和精神的治疗，他们都是在激发身体内的化学反应，寻求突破。这和中国古代倡导的“内在元气”类似，即追求内在的能量平衡，和更广阔的自然融为一体。人类回归自然的重要方法之一就是放下执念，不无中生有、不暗自揣摩。与其屈服于干扰我们真正追求的内在狂热，不如从容应对，让本来属于自然的心境变得平和自在。

自然给予我们的最显著的帮助就是让我们摆脱内心

的纠结，超越自我，感受更宽广的世界。近期，伊利诺伊大学的生物学家弗朗西斯·郭博士表示，某些健康状况和自然有着“不可思议的”联系，其中包括“抑郁和焦虑、糖尿病、注意缺陷障碍 / 多动症、各种传染病、癌症、术后恢复、肥胖、不孕、心血管疾病、肌肉骨骼疾病、偏头痛、呼吸系统疾病等”。

有证据表明，自然是帮助我们“恢复注意力”的基本因素之一。大自然会让人产生一种被心理学家称作“软愉悦”的东西，减少因为长期关注日常生活而产生的懈怠，重新启动感官和意识，摆脱疲劳感，聚精会神地工作。

针对注意缺陷障碍的研究也证明了自然唤醒注意力的功效。几年前，我写过一篇关于患有严重的注意缺陷多动障碍的少年参加荒野疗法项目的报道，其中揭示了大自然的神奇作用。这些十几岁的孩子刚来的时候，几乎不能踏踏实实地完成 2 分钟的对话，但是 2 周之后，他们令人刮目相看。他们不但可以完成钻木取火——一次需要好几个小时——等复杂的任务，还可以从事更需要耐心的教学工作。他们中有一部分人，在治疗专家的严格指导下停止服用利他林，打破了近 10 年依靠药物的记录。其中一个回家后彻底停药的女孩说，她对在大自然里感受到的内心的平静记忆犹新，并且在回忆这段经历时常常有身临其境般的感觉。

斯坦福大学的研究人员书面证实：同样时长的散步，在大自然中和在闹市里引发的大脑活动不一样。他们监测了大脑因为焦虑和负面情绪进入沉思时亚属前额皮质相关区域的神经活动。走进大自然后，这种沉思明显减少。大自然帮助我们控制任性，而后焦虑随之减少。这个效果可以持续至少几天，甚至数周，什么都不用做，它就能自然而然地延续下去。换句话说，融入自然的次数越多，积极的影响就越深远。

大自然用它的魅力和奇妙拥抱我们，用它环环相扣的网包围我们，推动我们更多地体会当下——除了现在你看到的，其他什么都没有发生。这也是很多冥想练习的基本理念——在特定时间内，没有什么能够代替此时此刻；即使发生了什么，也可以轻松面对，可以对着太阳、大树和小草自由地呼吸。

那么，或许可以这样解释人类的心理效益：事情发生了，我就接受，顺其自然。如果决定有所行动，也无须浪费心智质疑自己的能力或者过分看重结果。最后，请牢记一条传世 2 000 多年的建议：对自己最大的爱是说服自己，我已经应有尽有，感谢生活。当这个观点深入人心之后，它便会在大自然的滋养中茁壮成长。

* * *

11 月中旬，你如果抬头仰望天空，也许就可以看到大雁南飞——赶在寒冷的冬天之前远行——的壮观场面。你可能先听见声音，然后才看到它们的小方阵出现在头顶上方几百英尺或者几千英尺的空中，以 40~60 英里的时速飞过变黄的草地、收割完的农田，以及叶子刚刚落光的枫树、白蜡树和橡树。

如果你能够翱翔天空，成为它们当中的一员，那你一定会注意到头雁优美的舞姿，无论是迎风还是顺风，哪怕是最轻柔的微风，为了减少消耗，它都会不断地调整姿势。如果恰巧路过高地，比如新罕布什尔州的怀特山、阿迪朗达克山、落基山脉和谢拉山脉，那么你会看到雁群像过山车一样忽起忽落。只要看到低谷，它们就会降低飞行高度，离开空气稀薄的高海拔地区，抓住每一次拍打翅膀的机会尽情地吸氧，补充体力。等到时机成熟，它们便会一起腾飞，飞过高高的分水岭。然后将出现你在地面上看到过无数次的画面——又叫“绘图”，即全世界的鸟类都排得驾轻就熟的 V 字队形。每一个成员都可以在这个队形中避免风的阻力，同时借助前面同伴制造出的“上升气流”发力。这需要选对飞行的位置和拍打翅膀的时间。你如果能近距离观察它们，就会看到它们正在利用高超的技术进行精准的调整。研究人员估算，大雁这样飞能比孤军奋战多飞 70% 的距离。它们轮流担任领队，卸任之后跟在其他鸟的后面“绘图”——从头到尾，首尾相接，一只一只地轮换。

“空中舞步”听从稳定、连贯的指令——你听到的沙哑的叫声——包括领队的头雁和监督收尾的大雁之间定期的沟通。假设有一只大雁遇到麻烦，比如在狩猎季节受伤，通常会有两个同伴陪它离队，在地面休整，直到它康复或者死亡。

人类由此受到启发，原封不动地搬来应用。第一次世界大战期间，空军出于和大雁一样的目的——减少阻力，利用助力，最大限度地减少能量消耗，让所有飞机都在彼此的视线之中以防意外消失——在飞行中模仿了大雁的队形。

同样，我们也借鉴了鱼群的经验。浩浩荡荡在水里游来游去的鱼，轻松地跟在领队后面，步调一致，让看的人赏心悦目。一条鱼摇头摆尾地打出一个个漩涡推着自己前进，一群鱼裹着激荡的水流向前涌动。水下舞蹈令人惊艳、无与伦比。加州理工大学的学生拾起这颗沧海遗珠，模仿鱼群，将多台垂直的风力涡轮机紧紧地组合在一起，正如生物学家珍妮·班亚斯所言：生物仿生学使得风力发电量提高了10倍。

***

大胆设想一下，如果家庭、工作场所、城市和国家都以效率为己任，按需索取，这个世界会是什么样子？中国伟大的哲学家老子一针见血地指出，“天之道，损有余而补不足”。

大约从史前时代开始，原住民就一直信奉这种观点。现在结合世界各地的文化，它被称作“舍得”。你如果参加美国原住民的传统婚礼、命名仪式或者葬礼，就会发现“舍得”是其中的一部分。很多部落会拆开礼物的包装，把它们全部摊放在毯子上，宾客按照长辈、退伍军人、妇女、儿童、少年的顺序挑选礼物，如果还有剩余，才能轮到男人。

“舍得”直接表达的基本思想是：感谢生活给予我们需要的一切，包括水、空气、食物、居所、温暖、社区和美丽的事物。这种感激之情极大地促进了一种道德观念的发展，即我们应该把基本需求以外的东西和需要它们的人分享。个人的给予不仅多种多样，而且能保持“能量的均衡”，因此更容易扩散。今天被救助的人也许就是明天的救助者。

社会学家玛丽·M. 克莱尔博士数十年来致力于研究和推动社会健康的发展，她意外地发现最热衷“自然共享”的团体竟然是那些最贫穷的、居无定所的农民工。她写道：“我们发现，他们才是最慷慨大方的人。”各种迹象表明人类习惯通过满足个体需求来服务于整体利益。这也是一种效率。它通过连接富人和穷人来建立群体的纽带关系，极大地增强了群体的稳定性。

帮助饥寒交迫的人，为无家可归的人提供住处，向时运不济的朋友或者陌生人施以援手，无私地奉献时间和精力都是分享。我们应该珍惜每天的机会，不用能否逆袭成功评价一个人的价值，而是更多地考虑如何帮助他披荆斩棘、获得成功。要心存感激，要物尽其用，要与人分享。

最近证实，舍得的原始动力——“感激”，是一剂良药。加利福尼亚大学洛杉矶分校的一项研究表明，“寻找值得感激的事情”这样一个简单的行为能显著刺激脑干中多巴胺的分泌——和安非他酮这样的抗抑郁药物有异曲同工之妙——并提高前扣带皮层血清素的含量，而这正是百忧解（一种抗抑郁药物）的作用。分享不是单向行为，而是一个循环，心存感激的被给予者和心存感激的给予者都是受益者。

* * *

在摩洛哥流传着一个古老的伊斯兰故事：乐善好施的人比比皆是，他们的心像天空一样广阔，像太阳一样明亮。苏丹的女儿哈提姆公主就是其中之一。人们做梦也想象不出她有多么富有，可是她一分钱也没留，把钱全都送给了穷人。虽然她的有些家人认为她愚蠢，但是没人阻拦，毕竟，她有权按照自己的意愿支配自己的财产。可是当她的父亲发现自己的财富也被赠出去的时候，麻烦终于来了。

哈提姆把父亲的金子送给穷人，事先没有征得父亲的同意，事后也只字未提。当父亲质问她的时候，她毫无后悔之意。“你想让我怎样？”她不明白父亲为什么会生气，问道，“难道你要让我对那些痛苦和忧伤的脸庞视而不见吗？”

她的父亲和她看待问题的角度不同。最后他宣布，他的爱女偷走了皇家的财产，所以她必须和其他人一样受到惩罚。

他痛苦地对哈提姆说：“死刑或者流放，你自己选。”

哈提姆伤心欲绝地告诉父亲，她愿意被处死。她是马格利布的女儿，怎么能选择背井离乡呢？

就这样，哈提姆接受了死刑。在行刑的那天，哈提姆因为自己的慷慨无私，变成了一棵杏树，最好的一棵树。这真是再合适不过了。时至今天，人们都还一直收到杏树的馈赠：饥饿的人可以吃杏仁和杏仁油；春天，娇艳的杏花带给人喜悦，即使是最忧伤的心灵也可以得到抚慰。

尊重地球上的生命，尤其是它们和我们之间紧密的联系，有助于坚定人类保护这种关系的决心。喧嚣的生活总像一条愤怒的河流，让人心烦意乱、欲望难填，我们在挣扎的时候听到了生活需要补充能量的呼唤，但却把它当成了另一种负担，因为我们把它视作终归要被消耗的过客。其实，这些基本的、必要的能量交换就是我们渴望的活力，同时也是对生命的肯定。大自然从来没有浪费能量去维持关系。相反，它通过关系获得能量，一直为创造生命服务。

通过舍得文化等习俗，很多原住民文化彰显了这个真理。在古希腊的传说中，这一点尤为突出。古希腊人津津乐道的故事里总有不死的泰坦——一群行为恶劣，对权力贪得无厌的神。可想而知，他们藐视舍得精神。事实上，如果那时有保险杠贴纸这种东西，那么他们的战车后面就会贴着"不要法律，不要约束"的标语。泰坦嚣张跋扈，制造混乱。对于花季少年，他们既有无穷的魅力，又有致命的危险——这些少年的生命的激情在花蕾中涌动，可是他们没有耐心或者不知道该如何照料花蕾，等待它们绽放的时刻。

为了对抗泰坦的诱惑，古希腊人又编出故事赞美那些引导年轻人走向更慷慨、更有思想的生活方式的神。

比如，喀戎是阿喀琉斯和赫拉克勒斯等诸多大英雄的导师。他用从自然界的"平衡"中获得的智慧教育人们——尤其注意培养精力充沛、容易冲动的年轻人为更大的群体服务的意识。喀戎向学生们展示了如何在生活中利用自然界相互依存的关系，教会他们利用与生俱来的能力为群体保驾护航。

西方有一段很少被提及但趣味十足的历史。17 世纪至 18 世纪中期左右，几乎所有的英国新教大教堂都发起了声势浩大的运动，歌颂人类慷慨友爱的品质。这一观点呼吁“有人情味之人”，是那个时代急需的一种平衡力。当时，很多人认为人类的堕落已经无可救药，比如，17 世纪著名的哲学家托马斯·霍布斯相信人性本恶，只有受到强权严治才能变得正直体面、仁慈友善。清教徒一直坚信人类受到了堕落的诅咒，而“有人情味之人”运动应运而生，对这些脆弱的观念进行了还击。

这项运动得到了众多自由主义者的支持。他们的生活自在舒适，赞美人类通过同情、关爱和慈善获得自由的天性。但是，很多教堂的领袖对此表示抵制，因为他们害怕人类不受约束的情感、善良和宽容在存在了 70 多年的英国教会里泛滥成灾。

自由主义者号召人们传递善良的本性，把上苍赋予所有生物的善良如数奉献。他们还宣称，成人之美的快乐并不只是通过某一次施舍才能享受到，这种快乐与生俱来，所有人内心的柔软都闪动着助人为乐的光芒。这是一股强大的能量。柔情和同情不是弱点，而是最终能够拯救世界的仁慈的表现。

正如1700年，德里主教在布道时所言，这些快乐的情绪没有致命的危险，不需要不惜代价地将其铲除。“热心和爱慕必不可少，除非它们让我们失去了理智，就像战车失去轮子。”

让我们通过1755年的一封信来感受这种非凡的情操（写信人的名字已经无从考证）：

> 精神哀悼是一种高尚的品质，人们可能会怀疑，那些在任何场合都没有哭过的人是不是真的人。他们可能会摆出一副英雄的模样，炫耀自己的无情，但人之本心永远不会失去正确的判断。有什么人会比对自己和别人的不幸感到痛惜的人更高尚呢？就算为自己考虑，这种情感也值得拥有，因为它的存在鼓励每个人为了获取自己的幸福和利益全力以赴。

圣保罗教堂教长威廉·夏洛克作为早期的自由主义者，在布道中精辟地论述过温和体贴的含义——感受到别人的痛苦，并且和他们一起承担。“天性促使我们缓解痛苦”，他称这种无法抗拒的力量为“内部准则”，它比所有外在的争论都强大。“这个准则就是感觉和感情。”在那之前约 800 年，亚里士多德断言人类天生“是彼此的同类和朋友”。这种亲密关系的基础，包括自由主义和“牲畜天生会照顾幼崽”在内都是与生俱来的。天性把我们连接在一起。获得幸福——不仅是未来的幸福，也包括眼下的幸福——最好的机会就是让这个真理在我们生活的每一天发出耀眼的光芒。

这些信仰要在一个过分理智的时代立足，需要付出格外大的代价。为这个时代书写历史的白人大权在握，却很少提及古道热肠和彬彬有礼。但是，自由主义者和他们的支持者信奉的宽容大度就像泉水一样，浇熄了他们的野心，使他们看到一个美丽、善良的世界，在那里，人类相互关心、彼此相爱、关系融洽。

虽然自由主义者的教义中没有提到效率，但是在某种意义上，他们都在身体力行。对别人友善的人更会善待自己，所以更加有能力培养和运用自己独特的创造力。如此一来，人类社会就会进入老子所说的“天之道，损有余而补不足”。这样的生活会让人觉得像回到了家，永远享受着和谐、平衡和节奏。

第 7 课　浴火重生

灾难和毁灭之后，新生命总是更强壮、更活跃。

……事实上，也许我们需要失败，因为只有这样，我们才能知道自己是谁。我们能够克服什么？为什么磕磕绊绊？为什么跌倒？又为什么能够奇迹般地站起来，继续前行？

——玛雅·安吉罗

1988年的夏天炎热、漫长。离我家不远的黄石国家公园遭受了一连串的雷击，触目惊心。当时，芽草和须芒草像纸一样干燥，很多树的含水量比烘干的木材还要低，于是大地开始燃烧。借着风势，星星之火变成燎原大火，窜到100多英尺高。夏季耀眼的天空一下子布满浓烟。

8月20日，这个被消防员称为“黑色星期六”的日子，风暴溪的大火在3个小时内推进了10多英里，直奔蒙大拿州库克市的小镇郊野。大火眼看赶上马队，就要燎着马尾巴了，牛仔牵着缰绳带着马队在大路上飞奔，身后浓烟滚滚，火焰翻腾。为了抓拍这一画面，记者和摄影师蜂拥而至。

事后，很多媒体称这场大火是近现代的第一场野火。

其实人们对火并不陌生。是火焰塑造了美国西部的大地，产生了肥沃的土壤。不过，纵观历史，恰到好处的火并不多见。20 世纪初期，人类视野火为敌，它甚至被描述为和狼、郊狼、美洲狮、鹰、猫头鹰一样罪大恶极的掠食者。在 60 多年之内，我们用铲子扑灭了每一场能被扑灭的野火。我们看不到也想不到，林地上堆积的越来越多的枯枝断木俨然成了一个“燃料堆”，要是在以前肯定已经被小火烧干净了。

气候变化极大地加剧了森林地面燃料过厚的问题：积雪面积严重减小，森林干枯，土地干旱，雷电之火和人类的粗心之过会酿成规模更大、温度更高、破坏力更强的火灾。1988 年黄石国家公园的大火让我们意识到人类在森林里犯下的错误对气候产生了恶劣的影响。

秋雪冷却了炙热的土地。9 个月之后，也就是 1989 年夏，我进行了里程达 500 英里的生态考察，在广袤的“黑树林”——曾经寂静的针叶林此时已是一副惨败的景象——之间穿行。有些烧焦的树皮裂开——这是严重烧伤的痕迹——露出光滑的雪白树干。不计其数的昆虫葬身火海。各类啄木鸟，比如金翼啄木鸟和吸汁啄木鸟纷纷飞去了食物更丰富的觅食地。大树失去了自己的“鼓手”。

第二天，我站上一块高地，10 英里内的景色尽收眼底：到处是火灾废墟，2 000 多英尺高的山上岩石裸露，光秃秃的、被风刮得支离破碎的树木像破衣烂衫似的挂在上面，烤得皱巴巴的。

* * *

森林能够在遭遇野火后起死回生，部分归功于它应对灾难的技巧。美国黄松在生长期，低处的树枝会不断脱落——避免火焰像爬梯子一样顺着树枝烧到树冠。同时，经过数千年来对火灾的适应，它们的树皮越来越厚，能为珍贵的形成层抵挡过度的热。成年黄松林的树间距大，既方便储存水分，又不利于火势蔓延。早年间，北美西部的探险者对被大火改造过的黄松林一见钟情：林地开阔，阳光可以照进来，马车也可以穿行其中。

当剧变发生，比如野火烧过大地之后，我们可以通过植物的残余部分判断这个系统的承受力和恢复力。孕育新生命的种子是否被保护起来了？比如美国黑松的种子只有遇到火才能从爆裂的松果中出来，成为最早进入灰烬开始生长的树种。土壤是否坚实肥沃？蜜蜂和苍蝇是否还在这里飞来飞去，为幼苗授粉？地下含水层是否完好如初？大自然如果做好了这些绝处逢生的准备，就将以最快的速度恢复元气、重获繁荣。

值得一提的是，在很多情况下，生命体系不仅要死里逃生，还要欣欣向荣。数千年来，植物、昆虫、鸟类和哺乳动物在大火中练就了因祸得福的技巧。树木和大地储存的营养随着灰烬进入泥土，沤出异常肥沃的土壤。虽然大火后的黄石国家公园的景象触目惊心，但是9个月后，扭柄花、杂草和绣线菊已经闹哄哄地长满大地，高及膝盖。被茂密的树冠遮挡了近100年的小草终于重见天日。

植物的数量增加了，质量也提高了。有研究表明，黄石国家公园发生大火一年后，焦土上的杂草所含的营养物质比在没有烧过的土地上生长的同类杂草高30%。这对食草动物来说意义非凡。黄石国家公园的麋鹿盯上了这片植物——营养大餐可以使它们在冬天来临之前变得身强体壮。第二年，专门在枯木上觅食的昆虫成群结队地搬来了，不久，对昆虫垂涎三尺的动物接踵而至，树上又传来啄木鸟“敲鼓”的声音。

接下来的几年，我一直对黄石国家公园魂牵梦萦，以前不曾注意到的细微变化让我感受到了重生的喜悦：一株幼小的欧洲越橘树从焦土中探出头，一朵紫菀在黑色的裂缝中绽放。野火过后，大自然展现了自己的节奏——有时快，有时慢，但永不停歇。每当我屏息凝神地环顾四周的时候，我总能感受到野火的力量——火苗修剪过每一棵树的形状，每一棵树在成长的过程中都对同伴敬而远之。大地在灰烬中崛起，以前是这样，以后也不会改变。

* * *

生命的进程——尤其经过燃烧后——既不能被阻挠，也不容被忽视。假设在新英格兰某个废弃的农场里，一小片林地失火。农场主雇来伐木工和开着推土机的工人移走了树干和被烧焦的树枝，现场被清理得干干净净，就像刚刚犁过的田地一样。然后，农场主想都没想就走了，这块土地就此荒废。

但是，在大自然里没有“荒废”这个词。过不了多久，焦黑的土地上便会长出地衣和真菌，然后是蓟和牛蒡一类的野草，接着，繁缕草、灌木和草丛也悉数登场。最后，幼苗走上了长成大树的征程。很多树苗扎根在野花丛中，从紫罗兰到毛茛，百花盛开。这片新生的森林终将引来飞鸟和小型哺乳动物。研究表明，即使是一棵看起来不太合群的树也能将鸟的多样性提高近40倍。至于那些在大火前一直生活在森林底层的生物——蠕虫、甲壳虫和细菌，很多已经浴火重生，继续通过啃食野花、灌木和幼树的残枝败叶为土壤提供养料。

说到这儿，不得不提一个奇迹：自然界受到严重破坏的部分，经过若干年的经营之后，通常会变得比之前更纯粹，然后这种纯粹将带来更大的丰盈。当老居民的后代出现的时候，生态系统将开始扩张——树长得更高，蘑菇长得更大，苔藓长得更厚实。

植物利用从太阳那里获得的能量生长繁殖，然后将这些能量传递给吃草的小鹿、吃坚果的松鼠和吃浆果的鸟。有些能量会在腐败过程中作为营养被传递。最后，太阳的能量——被视作由生长做的“功”产生的热量——在这个系统中被彻底地释放。这些有关生命的基本常识众所周知，结尾貌似一场灾难，但到头来它竟然是一次高度协调、轰轰烈烈、多层面的爆发式创作。

* * *

“1988年大火”之后，在黄石国家公园500英里的徒步之旅总是让我陷入沉思：我能从此类事件中学到什么呢？这个问题一直萦绕在我的心头。如今野火和我们一起进入了新时代，它现在被称作“特大火灾”——燃烧面积超过 10 万英亩的大火，以前实属罕见，现在已变得常见。2000—2013 年，至少出现过 12 次特大火灾。这样的大火不仅火势凶猛，而且温度极高，被它烧过的土地萧索肃杀，没有滋养土壤的营养物质，森林需要很长时间才能复苏。

我在野火中参悟人生。因为成年之前，我的家庭生活动荡不安，我习惯把所有的紧张迹象当作危险的信号，即使是正常的意见不合也被我看成必须扼杀的火星，应该尽可能快地解决它们。我以为一切尽在掌控之中，却不料冒失地扑灭了有益的火种。日久天长，积少成多，没有人愿意听我说话，也没有人尊重我。这些深植内心的潜意识限制了我日后的交往。长时间压制小火终将酿成大火。

不过，这只是我最初的感悟。我开始努力体会自己的内心，挖掘本性中那些勇往直前的核心品质。我搜集健康的“种子”，在麻烦过后迅速播种，让它成长。我知道大自然的火后重生是集体行为，是相互依存关系的充分展示，所以我也要维护自己的社会关系，在灾难来临之时和他人相互照应。

俗话说，不破不立。有一种心理疗法是在设定的失控状态下，适当地引发焦虑或者抑郁，让人利用这个机会直视困难，学会应对挑战的技能，重新获得快乐的情绪，建立心灵的愉悦。大破之后必有大立。它让我们放弃徒劳无益的工作，认清不健康关系的危害。

那么，如果是更严重、更灾难性的破坏，比如遭受暴力或者亲人死亡呢？这些相当于黄石国家公园的野火——重创林木，险些催生不毛之地的极端事件。针对这类事件，我们要加倍小心地呵护每一棵草、每一朵花，因为它们是大自然恢复生机的起点。

人在经历最痛苦的灾难之后可能惶恐不安、怒火中烧或者缩手缩脚，给莫名的激动、辱骂或骚扰可乘之机。就像特大火灾掠夺土壤的营养一样，重大创伤过后的激动情绪可能会不知不觉地改变大脑。有些研究员称，经历过创伤的大脑可能会出现“底部沉重”的现象，即大脑中负责产生警惕、恐惧及反应的杏仁核变得神经质，与此同时，控制情绪和思维的部分变得迟钝。灾难没有持续，却让我们陷入焦虑、抑郁、失眠等严重危害健康的状态。

生态系统在灾难后的反应是层层递进的，种子、水、坚实的泥土和阳光一波接一波地为新生命铺路搭桥。受到创伤之后，人接受的第一波康复包括安抚恐惧。

受创者应该尽快开始运动。每天锻炼 20~30 分钟有助于缓解高度紧张的情绪，同时促进身体释放修复神经系统的化学物质。另外应该关注当下，可以安静地冥想，也可以留意自己选择吃的食物，正念就像绵绵细雨落在焦土上一样。

关于进行正念的场所，大自然是个不错的选择。这就是为什么越来越多的退伍军人在从战场回家之后总是先到野外生活一段时间。“OB”（Outward Bound）、“谢拉俱乐部”和“老兵远征队”等拓展培训机构日益增多，帮助了很多人。走在野外的小路上，大脑既可以安静地思考，又可以有效地降低创伤后分泌的有害皮质类固醇的水平。

在大自然里，你能够感觉到世界通过各种方式连接在一起：树木通过真菌的网络输送养料，救助生病的枫树；狼为掉牙的雄性长者撕碎猎物；卡罗尔·努恩去世后，她救助的黑猩猩相互安慰。

自然的准则就是你的准则——毕竟，你是自然的一部分。善良友爱的人可以雪中送炭，比如，有些人会一遍遍地听你讲自己的故事；有些人可以陪你流泪；孩子能够让你在瞬间感受到“在那里”的美好生活；有些人给了你展示仁爱和付出的机会。正如斯坦利·库尼茨所说，心灵就是这样与不可避免地包括“失去的宴会”的生活和解的。

哈佛大学的研究员苏珊·大卫博士提出，足足有三分之一的人“自称有‘坏情绪’”或者在不断努力控制坏情绪。“人类自然、正常的情绪现在居然有了好坏之分。”她解释说，当我们错误地把悲伤当作负面情绪，拥抱一种虚假的积极感的时候，我们其实放弃了接纳真实世界而非我们理想中的世界的能力。

“苦恼是通往有意义的生活的入场券。”

我们天生就有资本谱写更精彩的人生篇章。善待自己，维系和他人的关系——即使只是几个贴心的朋友和家人也可以帮助我们绝处逢生。

* * *

2005 年，我经历了人生中最大的变故之一。那一年，我和相伴 25 年的第一任妻子简不幸在安大略湖北部遭遇皮划艇事故。我们的船在急流中翻滚了约一百码后倾覆，我带着严重的擦伤和多处骨折死里逃生。简失踪了3天，搜救人员登天入地，从日出找到日落。最后，一只搜救犬在深茶色的河水中闻到了气味。5月末的一个下午，天空飘着阴冷的雨，简的遗体被绳索系上，从混浊的河水中打捞了上来。我就在不远的搜救指挥部，听到噩耗，我悲痛欲绝，瘫倒在地。我从此开始万念俱灰。

亲朋好友、邻里街坊的安慰让我感到温暖——有时我很需要他们的安慰——但是说效果显著还是有些牵强。我仍然沉浸在悲伤中，完全偏离了原来的生活轨道，心灰意冷地接受关心我的人的照顾。6月10日，追悼会在我老家的天主教教堂里举行——只有那里才足够大。我拄着拐从旁门走进教堂，哥哥紧张地跟在我身边，担心我摔倒。朋友和亲戚从全美各地赶过来。

我申请了一个房间，请来的朋友们讲故事。他们有节制地讲了一些有意思的故事，也有令人愉快的故事。轮到我的时候，我向他们讲述了简的愿望，她常说，希望自己在离开的时候正在野外干着自己喜欢的事情。她如愿以偿了。虽然，我以为这一刻离我还有几十年，也许应该是在她作为一个老妇人最后一次露营的时候到来，她和我挤在一个羽绒睡袋里，透过帐篷的门帘看着满天的繁星。

简的同行急救医生和搜救队员大部分来自“红屋消防局”，他们把最大的一辆消防车停在教堂外面，升起消防梯以示哀悼。仪式接近尾声的时候，调度员发出了被称作“最后一页”——向牺牲在工作岗位上或为社区做出杰出贡献的人致敬——的指令。

无线电里传出：“红屋消防员，派遣单。”然后停顿了几秒，空气中回荡着电流轻微的吱吱声。

“这是为了简·弗格森发表的最后一页。她在离世时正在野外从事着自己喜欢的事情。我们将会铭记她的热情和奉献。”

稍后调度员才说：“发送完毕。”现场一时寂静无声。然后响起一片抽泣声，教堂似乎被浸泡在了泪水中。

回首往事，我可以告诉你，当时我大脑里那个叫作恐惧中心的地方濒临崩溃——噩梦不断，事故重现，对未来感到担忧和绝望。但是同时，我在内心深处隐隐地感受到朋友，包括新朋友和我的两只猫替我分忧解难，陪我化解孤独的力量。

腿伤痊愈之后，我重新开始在大自然中长途跋涉。

冠冕堂皇的说法是要把简的骨灰撒在美国西部她最喜欢的五个地方，以告慰她的在天之灵。实事求是的说法是，我本能地知道——就像沃尔特·惠特曼中风之后——我离不开溪流、勿忘我、鹿、熊和美洲狮。它们以各种方式生活，像朋友和家人一样给我安抚，让我倾听内心的呼唤，相信悲伤终究可以在更宏大的生活中化解。现在，我可以看到发生了什么。通过意外之后那些年的旅行，我慢慢放下了狭隘，走出了孤独，回到了这个无限包容的辽阔世界。阳光照进骨髓，麋鹿、狼群、松树、河流在我的血液里奔腾。

我的第三站是犹他州南部的“平岩峡谷”。简 20 岁之前被几乎致命的进食障碍折磨了很多年，就是在这里的一次户外课程使她摆脱了困境。她生前提出要把骨灰撒进大自然，这里是首选之地。

我开车从蒙大拿州出发，到达犹他州凯恩维尔村的时候，大地一片死气沉沉：路过的风暴每次都会剥走一层铁锈色的砂岩；深蓝色的天空明亮无云，热浪把人烤得口干舌燥、眼冒金星。就在高速旁，紧挨着起伏的砂岩，有一片不及院子里的游泳池大的小草甸，红色的钓钟柳和橘红色的球葵交相辉映。杜松七零八落地悬在斯洛特峡谷的峭壁上。

我把装着简的骨灰的棕色陶罐放在行囊的最上面，从诺汤姆路附近的一排牲畜栏开始步行，一路向西，直奔西茨峡谷和荒凉的沟壑遍布的水袋坳。沟边的棉白杨长出4月的新叶，青翠欲滴。天差不多放晴了，只在西边还拖着一条乌云，尾巴搭在红色的岩石分水岭顶上。这里的自然总是变化得风驰电掣，势头凶猛，看不清来路的暴风雨在峡谷里铺下一面面水墙，砸开岩石，将棉白杨连根拔起。这便是全神贯注“关注当下”的另一个好理由。

一簇簇的阿帕切羽果树和金花矮灌木在风雨中飘摇；沿着潮湿的峡谷边缘生长的马尾草看起来像细长的芦笋；喜鹊倾巢而出，在10~12英尺高的空中飞上飞下地戏弄着狂风。而我要选一个中意的地方，那里有我中意的河谷和孤峰。最后我竟然不知不觉地站在了圆顶礁国家公园东缘的一个小山包上。这里的景色诉说着浩瀚无垠的时间变迁：古老的沼泽地在秦里层干涸；巨大的沙丘在纳瓦霍砂岩中凝固；曼柯斯页岩冻结了吵闹的浅海。

那天下午，我在空中扬起骨灰，风一下停了，骨灰悬在半空，慢慢地向北边的铁锈色砂岩飘散。接着我把勺子和罐子埋在了脚下的沙子里。然后我俯身把脸贴在一块温暖的岩石上。一片南瓜形状的云飘过我的头顶，消散了。一只准备在星百合上享用午餐的蜂鸟从我手边飞过，那么近，我甚至听到了它拍打翅膀的声音。这些不容错过的美好啊。在这里的几分钟弥足珍贵，我心中的结打开了。生命里的大洞似乎变小了，化作属于蓝天、平岩和牵牛花的大世界中的一个小黑点。

在经历了可怕的心理野火之后，我痊愈了。这是微缩版的自然系统重启的过程。就像新英格兰的那片土地一样，先是野火肆虐，紧接着是推土机的“蹂躏”，被遗弃的贫瘠土地却迫不及待地开始一点一点地重生。我也一样，生活还要继续。生活会给我带来更多的交际和更丰富的体验、更多的感动、更多的美好。我会像新英格兰的风景一样，迎接植物、飞鸟和朋友，终有一天，我受伤的心会再一次敞开。

大提琴演奏家马友友曾经提问：“第一个音符是下一个音符的一部分吗？或者说你只是从一个无限宇宙进入了另一个无限宇宙？第二个音符总是一种启示，出乎意料。”

***

不久前，心理学研究人员进行了一项大规模的研究，涉及约 5 000 人。调研结果非同凡响：人类在和朋友或者家人相处时幸福指数趋高，但当一个健康的人走进大自然的时候，这个指数更高。出于某种未知原因，大自然在我们的心中有着独特的意义——我们与它的关系不同于其他任何关系。这些研究还得出了一个更令人信服的结论："自然相关性"可以作为独立评估幸福的指数。换言之，在动荡时期，那些平时和大自然有接触的人，哪怕只是片刻，也会表现得更坚韧，心理接受能力更强。

野火、洪水、地震、飓风时刻提醒我们记住藏在神话故事里传承了几千年的真理——生命的舞步总是在创造和毁灭、编织和拆散的平衡中跳跃，新生命总是更加强壮和活跃。一个古老的道教传说巧妙地揭示了一个事实：即使是最动荡的生活也有一张平静的温床。

> 在中国南方，有一个生活贫寒的农民。一天，马厩的门闩开了，他最忠实的那匹马毫不犹豫地甩开蹄子冲了出去，消失在山野间。

“太倒霉了！”邻居们难过地摇着头说。

“也许是，也许不是。”老农回答。

第二天，不但他的马回来了，有3匹野马也跟着回来了。它们出人意料地一起走进牲口棚，开始吃干草。

“太神奇了！”邻居们说，“没有比这更好的事了。”

“也许吧。”农民只说了这一句。

第三天天亮以后，农民的儿子决定试骑一匹新来的野马。他刚爬上马背，马就开始奔跑。结果他的腿撞在围栏上，骨折了。

邻居们又来了，这回充满同情地说：“怎么这么倒霉！”他们真心替农民难过。

“也许是，”老农回答，“但也许不是。”

过了一天，一支凶神恶煞的征兵队来到这个村子，挨家挨户地搜罗年轻人，逼迫他们去遥远的西部山区打仗。结果，他们放过了农夫瘸腿的儿子。

“真幸运！”邻居们吵吵嚷嚷，被这样的好事惊呆了。

“也许是，”老农回答，“也许不是。”

其实我们和森林差不多，的确可以从最惨烈的事件发生后的废墟里站起来。虽然面对灾祸，大多数人很难像那位中国农民那样沉着，但是我们可以凭借聪明的大脑和世代相传的本能，从人类和自然的联系中得到安慰。人类之所以能够至今屹立不倒，是因为拥有坚韧的恢复力和长久的适应力。

第 8 课 长者的价值

长者的经验与年轻一代充沛的精力和体力协调是物种强大的保证。这些代代相传的基本常识能保持团队的稳定，有利于整个物种健康持续地发展。

我活得越久，生活就变得越美。

——弗兰克·劳埃德·赖特

当你捧着这本书阅读的时候，宽吻海豚妈妈正带着女儿在澳大利亚某片温暖清澈的水域里游泳。到开饭的时间了。但是海豚妈妈没有像往常那样追着鱼跑，反而游向了海底的海绵。它灵活地一转身，折断一截海绵，放在吻，也就是它的嘴上。可想而知，那只好奇、警惕的小海豚一定在琢磨：你是准备吃掉它，还是在闹着玩儿？

大海豚托着海绵，头部像扫帚一样扫着海底的地面，寻找在沙子下安家的鱼，比如沙鲈。有海绵的保护，它可以避免被珊瑚划伤或者被蝎子鱼蜇伤。虽然这样抓鱼要费些力气，但是值得，因为在海底生长的沙鲈非常肥美。对海豚来说，食物肥美意味着营养丰富。

不出所料，不到5分钟，一条沙鲈就被拱了出来。

它在横冲直撞地逃了几码之后停下来，准备再一次钻进沙子。就在这短暂的停歇之中，大海豚甩掉海绵，浮出水面喘了一口气，然后再一次沉下来。沙鲈还没来得及躲，就被咬住了。大海豚把鱼递给女儿。小海豚在享用大餐之前，先学会了一个实用的捕猎技巧，这比吃饭更重要——若干年后，它将把这项技能传给它的后代。

此时此刻，在距离这里 10 000 英里的东北方向，逆戟鲸正在北极圈冰冷的海水里炫耀它们狩猎的绝技。趴在小块浮冰上的海狮暴露了。3 头成年鲸从约 50 码开外的地方迅速向海狮靠拢，它们像商量好了似的，在距离浮冰几英尺远的地方一起潜入水底。结果颇具戏剧性。3 头潜水的鲸激起大浪，掀翻浮冰，海狮掉进了水里。幼鲸在旁边把这一切都看在眼里，记在心上。

这只是幼鲸观察到的诸多技巧之一。5 头逆戟鲸正在不足一英里远的地方密谋更复杂的行动。两头鲸游走了。在几百码以外的地方，它们突然转身，摆动巨大的尾巴拍打水面。声音传到水下几百码的地方，惊醒了鱼群，鱼立刻结队朝相反的方向移动，毫不知情地进入鲸的圈套。远处，另外 3 头鲸已经在深海集结，吹出一张巨大的气泡网，就在密密麻麻的气泡升上海面的时刻将鱼一网打尽。接下来，它们会等待其他同伴游过来一起分享。

在全世界的每一块大陆上、每一片海洋里，智慧总是从老传到小。狐獴教育它们的子女如何在享用美味的蝎子时避免被蜇伤；黑猩猩首领会和激烈争吵的同伴们坐在一起，安慰失败的一方；狼首领总是带领年轻的队员穿越崎岖的山路，在发现麋鹿的时候，演示如何躲避麋鹿的蹄子，少伤不死地捕获猎物。

苏门答腊岛上，老猩猩正在教后代搭建树屋的烦琐工艺——有可能要持续四五年。蚂蚁也可以做老师。法国的某片草甸上，一只雌性岩蚁在距离蚁穴大约10码的地方发现了丰富的食物，于是叫来一只年轻的蚂蚁帮忙。从蚁穴出来之后，为了帮助跟在后面的小蚂蚁记住路线——识别垂直的地标——它总是走走停停，每次都要等到完全识别方向的小蚂蚁拍一拍它的后背，它才继续向前。这样，下一次小蚂蚁就可以自己去搬食物了。

在生命的竞赛中，博弈多年的长者的经验与年轻一代充沛的精力和体力的协调是物种强大的保证。物种的社会性越强，长者的价值就体现得越高——向团体广泛地传授经验。这种领导不是家长制，而是以声望和技巧为前提的稳固地位。

比如，象群里位高权重的大象不仅具备几十年的谋生之道——在旱季寻找水源的本领等——而且会通过言传身教规范其他大象的性格和行为举止。一头大象通常需要很多年的仔细观察才能学会如何与另一头大象或者另一个群体共处，而不是离群索居。另外，象群中的长者知道如何有效地引导幼象或者暴躁的队员面对威严的狮子和其他的象群成员。

毫无疑问，缺少这样可信的智者的团队将千疮百孔——包括没有缘由的恐慌、忽视对幼小的照顾、暴躁等。几年前，南非出现了一群脾气恶劣的公象。它们从小就是孤儿，除了打架无所事事——10 年间，它们令人难以置信地杀死了 100 多头犀牛。

很多年之后，萨塞克斯大学的心理学家在南非匹林斯堡国家公园进行了一项有趣的研究，他们发现没有资深长者陪伴的幼象不服管教。科学家从 20 世纪 80 年代和 90 年代因为人类对象群的猎杀而成为孤儿的大象中挑选了几头公象，和肯尼亚安博塞利国家公园里在家庭中成长的大象进行了社会能力的对比。

他们用录像记录了两组大象听录音——既有它们自己发出的声音，也有不同年龄和体形的其他大象的陌生声音，基本涵盖了象群社会生活涉及的各种不同的声音——时的表现，尤其标记出它们的“扎堆儿”行为。大象在极度恐惧时会扎堆儿，在想要提高嗅觉和听力时也会如此。

来自完整家庭的安博塞利大象敏锐地区分出了家庭成员和陌生大象的声音，并且通过对年龄的判断做出了适度的反应。如果听出声音偏老，它们就会表现得更加谨慎。这个技能——对陌生大象进行评估——是在复杂的社会生活中和成百上千的个体打交道时必须具备的能力，是减少冲突的关键。

但是南非匹林斯堡国家公园的大象却没有这个能力。它们无法区分长幼和敌友，没有统帅。这是野外生存的致命缺陷。

这项调查没有告诉我们，匹林斯堡国家公园的大象是不是由于这些缺陷和由此产生的焦虑才不能体会到集体的温暖。当没有长者教导可以信任谁和怎么信任时，这些绝顶聪明的动物失去了什么？内心的彷徨是否让它们大部分时间处于高度警惕的状态，容易紧张和产生攻击性？长此以往，人的健康会受到影响，它们会吗？表观遗传学证明人类的创伤具有遗传性，它们的这种焦躁的情绪会刺激大脑分泌化学物质传给后代吗？

自然界通过团体内部“以老带少”的方式——经验不足的成员跟随长辈学习谋生之道、保全之策、迁徙之法及如何化解愤怒和悲伤——运转。这些代代相传的基本常识能保持团队的稳定，有利于整个物种健康地、持续地发展。

* * *

在动物界，长者的价值一目了然。其实，在森林里，成年树木也是财富。虽然老树不能像我们理解的那样言传身教，但它们的分享和沟通就是全心全意地培养。

眼见为实。让我们走进北加利福尼亚海滨壮观的红杉林。清晨，树林里笼罩着阴柔之美，渐散的薄雾亲吻着最高、最老的树的顶端。这些超过 30 层楼高、6 000 吨重的参天大树的种子宽不过 0.125 英寸，它们和世界一起出现，是这颗星球上最长寿的生物之一。

它们曾经分布广泛，但是现在只生活在北美大陆最西边的沿海地区。这里的雨雪只能满足它们一半的需求。为了保湿，它们学会了从弥漫在这块大陆上空的雾气中捕捉小水珠的本事。通常，最高、最老的树会想方设法地从低处的云雾下手。它们强壮到可以滋养和稳固整个森林体系，为年轻的红杉苗提供理想的生长环境，它们中有很多树苗才刚刚走上考验耐力的漫漫登天路。

你也许还记得，从我小时候的家——印第安纳州南本德到圣约瑟夫河的短途旅行。这些红杉和那些参天大树一样，也在利用令人震惊的、复杂高效的真菌网。事实上，我们落在这些"巨人"脚下的每一步都相当于踩在微小的真菌编织的10英里长的、顶尖立刺的毛毯上。

健壮的老红杉是真菌网的长期用户。它们慷慨大方，一年中通过这张网传送的特殊物质不计其数——很多是针对幼苗的。一是因为幼苗抗病能力差，二是因为幼苗个头小，很难获得生长所需的碳元素。有时候，老树会借助网络激发幼苗有利的基因特征，比如提高耐干旱的能力。

几年前，真菌网络（或称菌丝体网络）的研究先驱、不列颠哥伦比亚大学的森林生态学教授苏珊娜·西玛德提出了一个新颖的问题：既然树种之间彼此相通、互换物质是不争的事实，那么老树是否倾向于照顾年轻的家族成员呢？西玛德的研究证明的确如此：连接老树和小树的真菌网最大、最活跃。而且，感觉到小树的生存环境之后，老树甚至可能会收缩自己的根部结构，为小树腾出更多的生长空间。

西玛德同时指出，如果一棵老树生病或者濒临死亡，它会把自己多余的碳元素传递给家族的后代，并且帮助最年轻的家庭成员建立防御机制。额外的碳和抵抗力是对小树的助力，在漫长的生涯中，它们将更好地面对压力。在老树的庇佑下，这些小树的成活率是没有生活在老树冠下的小树的 3~4 倍。

西玛德说："树木会说话，它们反复地交谈，提高了整个体系的适应力。"通常，老树的话都是金玉良言。

近来，这些老树开始和人类对话了。气候学家利用新技术提取红杉的木芯样本（不会对树木造成伤害）推测过去的某一年夏天的云雾量。终有一天，他们或许可以搜集到足够的数据，推测出 1 000 年前的气候。有意思的是，他们发现雾的出现和海洋表面的温度息息相关。我们如果能够计算出夏天雾的发生量，便可以更好地分析洋流的长期走势，从而进一步了解人类活动对气候变化的影响。

世界各地有很多原住民文化都认为大树是“讲故事的人”。它们能告诉我们太多，不仅有过去发生的，比如持续干旱、小冰期气温的升降，还有最古老的大树“唠叨”的那些生命在洪水、山火、狂风带来的剧痛中蓬勃发展的故事。

* * *

在人类社会，我们习惯找父母、叔叔、阿姨或者老师寻求帮助。他们花大量时间教会我们生活、工作、承担责任和与人相处；他们努力陪伴我们长大，培养我们进入广阔世界所需的各项技能。

自然不会教我们学数学、学开车、投资和对付难缠的同事，而是赋予我们更高层次的意识，包括对那些无论是外在环境还是庞大的内心带来的挑战进行回忆、分析和产生共情的能力；使我们明白内心的感受和健康、寿命等现实问题密不可分的道理。同时，自然要求我们学会在经受打击和挫折之后重新振作，培养坚强的意志；要求我们进步，然后相信自己的直觉；要求我们具备直面恐惧的胆量；要求我们学习战胜沮丧，不在忧伤中沉溺。

和动物一样，人类也可以从身边的长者那里受益匪浅。你可能会想，等等。你的世界和父母或者祖父母一辈年轻时的世界有天壤之别。的确。但是究其根源，很多差异无非是科技的花样。即使是科技也会让人不知所措、精神涣散或者孤僻地生活在黑暗之中。那些有人陪伴和指导的人的人生则完全不同。人性其实是很顽固的，如果没有前辈的指引，我们的结局可能和匹林斯堡国家公园的大象一样：挣扎、迷茫、焦虑和孤独。

＊＊＊

20 世纪 90 年代末，我开着破旧的雪佛兰厢式货车历经 2 个月，在高速公路上行驶了 4 000 多英里。第一站是哈得孙河岸上艺术家弗雷德里克·丘奇的气派庄园，从那里出发，我去了缅因州，然后向南到了北卡罗来纳州、南卡罗来纳州，接着北上进入北部森林地区，最后穿过大平原回到北落基山脉的家里。一路上，我和很多人聊过天，他们大部分是老年人，各自有一套从大自然中总结出来的生活经验。当时我的生活不太顺利，所以我格外珍惜每一次偶遇，希望悟出这些老人是怎样从自然中找到平静和韧性的。我从田纳西州东部向北逃离喧闹，去北部森林之前，在中西部地区多停了一站。那是我老家南本德中心的街道旁的一栋白色小房子，我在那条街上长大成人。事实上，这栋房子隔壁就是我童年时期的家——两栋小房子中间只隔着一条 10 英尺宽的绿化带。

窗户开着。我敲门，几秒后屋里传来踢踢踏踏的声音，门开了。一位美丽的老妇人拄着拐站在门口。她叫珀尔，时年 93 岁，体重还是 300 多磅[①]的样子。她面带微笑，热情地伸出棕色的粗胳膊，欢迎我进门。

厨房和小客厅之间的拱门处支着一把梯子，珀尔也许看出了我惊讶的表情，所以说："我在刷墙。"我执意帮忙，但是她坚决不同意。她说如果不坚持运动，她就再也动不了了。

"还有，"她气呼呼地说，但是脸上仍然挂着微笑，"你别给我添乱！"

我们坐在玻璃走廊里，在那里可以看见街道。除了

① 1 磅约为 0.45 千克。——编者注

几棵老树不见了，其他没什么变化。她告诉我，她第二天要开车去密歇根帮她侄女装 50 夸脱[①] 番茄。

珀尔住在我家隔壁，和我们做了 35 年的邻居。或许因为她和丈夫默尔没有孩子，所以她对我和我哥哥吉姆的爱发自肺腑、不求回报、无穷无尽，甚至超过血缘亲情。和她坐在一起，往事历历在目：她叫我过来帮忙做饼干，我把面粉和糖弄得到处都是，就像她做最拿手的炸土豆时，大黑铁锅里溅出来的油点一样。好像如果不留下一片狼藉，做饭就缺少某种仪式感似的。我的家乡视循规蹈矩为信仰，她的一团糟就是我爱她的理由。“你和吉姆都是好孩子。”以前她总是这样说，此时她还是这样说。这是她的真心话，她说得那么诚恳，让我觉得真是那么回事，虽然我清楚自己是在帮倒忙。

珀尔在北方长大，当时正逢困难时期，她自然而然地爱上了户外运动。她的家在密歇根州布坎南，9 岁的时候，她经常拿着鱼竿到湖边钓鱼。湖边是她最喜欢的地方，在那里可以忘掉世间的一切，就连父母的责备也可以抛到

① 1 夸脱约为 0.95 升。——编者注

脑后。后来，她和丈夫会定期去密歇根探险。在她 40 多岁的时候，他们在瓦瓦西湖边买了一栋小别墅。从此，每年夏天和秋天的每一个休息日，他们都会划着各自的小船出去钓鱼，一钓就是好几个小时。有那么几年，到了 7 月、8 月的时候，他们会带上我和哥哥。我们早上 5 点半出发，吉姆和默尔坐一条船，我和珀尔坐一条船。其实，我根本不喜欢钓鱼。但是和她一起钓鱼，我很开心。

或许是好心有好报，也没准儿是那个时代对她的补偿，反正她总能满载而归，有如神助，简直令人难以置信。她是个大块头，穿着洗得皱巴巴的棉布裙在小船里跳来跳去，有时候，大口黑鲈、蓝鳃太阳鱼和鲈鱼会同时咬住三根鱼竿——对 10 岁的我来说，那就像坐在求雨的巫师脚下一样，我通常被溅得一身湿。下饵、甩竿和收鱼，那是一幅热火朝天的景象。

现在回忆起来，我仍然兴致勃勃，那是我见过的最没有道理的惊喜。有时候，其他船像是被磁铁吸过来似的，贴在我们的船边，近到不能再近为止。他们耗了一两个小时还是一无所获，最后只能气哼哼地回去。有一次，旁边的船上坐着一个和我差不多大的男孩，和大多数人一样没运气也就算了，可是他在不到200英尺的距离之内见识了珀尔的丰收。最后，当他看见一条鱼挣脱珀尔的鱼钩逃跑的时候，他竟然大声喊道："太棒了！"珀尔笑弯了腰。

"那是我最幸福的时光。"珀尔说。

我给她讲我的旅行见闻：帮助佩诺布斯科特老人用桦树皮搭建棚屋，哈得孙河庄园里赏心悦目的油画，缅因州的驼鹿，以及一个老农在田纳西州的丘陵间请我喝私酿酒。然后我告诉她，我将继续北上，到她以前常去的北部林区，走她走过的路。当然，那些路也是我的家人在宝贵的假期中经常走的路。

其实我的主要目的是邀请她同行。这样她就可以带我看她每天摘草莓赚50美分的草莓地和她哥哥房后的林子，她以前常去那里采蘑菇。我热切地希望找到她小时候常去的那个湖，或者她和她的嫂子曾经坐在岸边的圆木上听鸟叫的那个湖。

我要走的时候，她去了地下室。10分钟之后，她抱着一个箱子回来，里面满满当当地装着她做的调味料、葡萄果酱、甜菜和利马豆罐头、她的侄女玛格丽特送的一包猪排、

4 盒香草布丁和半包草莓夹心饼，让我带着路上吃。“听着，”她不顾我的反对，语气坚决地说，“我地下室里的食物太多了，我吃不完，你就拿着这些吧。你会需要它们的。”

最后，她走进厨房，在冰箱旁边的角落里取出 1930 年的竹制飞蝇钓竿和鱼线，小心翼翼地拿着，然后笑着递到我手里。

“来吧，”她说，“给你了。”

在瓦瓦西湖心守着鱼浮子的珀尔从来不按常理出牌，她喜欢出其不意，但始终坚守着两个信念，并且潜移默化地影响着我。第一，勇往直前的人不会给恐惧留下生长的空间。第二，感恩是坚持不懈的动力。自然像是一剂强药，坚持服用之后，她不畏前行且心怀感激。

生活的压力——贫穷和虐待——迫使珀尔密切关注周围的世界。关注是求生的技巧。她还把这种关注转向了大自然，用在自然界发现的平静和美好充实自己，激励自己一路前行。我在那个夏日坐在她家的走廊里总结出了另外一点：大自然源源不断地滋养着她的感恩之心。她每年春天在自己家后院的菜地里看着郁郁葱葱的嫩芽破土而出，我去的那年已经是第 90 个年头儿了。那些漫长而温馨的夏天给了她更多能量，瓦瓦西湖的鱼就差直接跳到她的船上了。珀尔在我眼里光彩夺目，因为自然告诉她就应该成为这样的人。

离开南本德向北前行 100 英里之后，我对着珀尔送的飞蝇钓竿和地上放着的装食物的箱子发呆。我真希望她也来了，这样我就可以在某片林子边上停车，给她做一顿大餐，像她以前为我做的那样。我把营地的炉火开到最旺，放上猪排，看着油花四溅。

珀尔在 102 岁的时候安详地去世了，但是她在我心中留下了一盏明灯。她帮助我抵制诱惑，告诉我不要沉迷在自己的剧本里，要学会通过外观来内省。

* * *

这本书的一部分课有关健康、智慧、感恩和知足。我们费尽心思地想要出人头地，以为这是生存的必要条件。但是大自然赋予我们神奇的能力，让我们知道是什么让世界上的事物强大、优雅和生机勃勃，并且使其为我所用的；了解我们想要拯救的事物，从中寻找线索来提高拯救世界的成功率。

可以终身学习是人类伟大的天赋，这使得年长更具优势。新兴的神经可塑性脑科学——针对大脑自我重组的能力——打破了学习有局限性的陈旧观点。曾有数十年，我们一直以为人类的大脑在18岁的时候完全发育成形，在45岁的时候开始退化。现在，我们知道人类可以活到老、学到老，不断矫正自己的行为方式。

所有人的大脑天生具备强大的“可塑性”。但是持续地、狭隘地关注单调重复的生活让我们变得脆弱、刻板：每天乘坐同样的交通工具，从事同样的工作，观看同样的电视节目。所以，神奇奥妙、变幻莫测的大自然对人脑的有利影响无可替代。当你和大自然真正地融为一体的时候，这本书将触动你的内心。

终有一天，你会创造一个精彩的良性循环：在大自然中，你的大脑变得更加积极、敏锐，从而极大地改变你对广阔世界的看法和感受。萨塞克斯大学的神经学家阿尼尔·塞思说：“我们并不是被动地接受世界，而是在积极地创造它。”当我们从自然界获得生存的原始材料的时候，我们就具备了延续这种活力的潜能。事实证明，关爱内心世界最好的方式之一是借助我们周围的大自然。它不仅为我们注入了独自处世的能力，还有我们为他人所用的价值。

长者的智慧可以引领我们用眼睛和心观看世界，发现自然界各具特色又相互依存的力量，教会我们在不断变化的环境中高效地做出明智的抉择。在他们数十年经验的指导下，我们不需要做“万事通”就可以在自然界和日常生活中游刃有余，热情地接受一切未知事物。我们学会了穿越火海，经过火的洗礼之后将变得更加强壮。

* * *

无论是人类、大象、黑猩猩，还是狼群等，老年的特点都是建立在彼此联系的基础上的。它是亲切感。不过值得一提的是，在大部分人类社会里，亲切感并不局限于血缘关系，还包括与我们分享生活的人——一起吃饭、工作、哭泣和抚养孩子的人。有些文化甚至包括过世很久的人，因为这些文化中的人认为自己永远站在前人的肩膀上，无论成功与否，他们都心存感激。

新几内亚的库瓦卢人相信，一种来自土壤的、被叫作“kaopong”的东西可以培养亲切感。父亲的精液和母亲的奶水里含有这种东西，地里种的红薯和村里养的猪也有这种东西。分享食物可以让人们变得亲近，就像孩子亲近妈妈一样。

在这本书和长者的智慧的帮助下，我们要把传播亲切感作为己任。超越血缘关系和地域共性，面对万物，谦虚而不失尊严地赞美地球和它承载的所有生命。

这样，我们又可以竖起耳朵倾听鸟鸣蛙叫，感受心中温热的感激之情：无论发生什么，我们都在这里。清晨，狼、狮子和鹰，还有我们所有人，照常起床，迎接太阳升起。

后记　大自然的美丽是永远讲不完的课

美可以唤醒人类去治愈世界。它还可以治愈我们内心的伤痛，帮我们找回内心失去的东西。

美将拯救世界。

——费奥多尔·陀思妥耶夫斯基

我们整装待发，每天都能朝着壮美的大自然迈出一小步。自然存在于科学发现的奇迹中，也存在于和谐共处、相互依靠的关系和未解的谜团中。这个世界太凌乱了。

一年秋天，花匠听说第二天庙里要来贵客，于是天不亮就起床修枝剪叶、扫地锄草，直到累得精疲力竭。就在他停下来准备欣赏自己的杰作时，一个老禅师路过花园，停在墙边问候他。花匠很高兴有机会和人分享，便邀请禅师进园。

"你觉得怎么样？"花匠扬扬得意地问，"漂亮吧？"

"近乎完美了。"老人一边说，一边走到花园正中的大树下，双手抱住树干使劲地摇。干枯的树叶和小树枝纷纷落在修剪整齐的草坪和整洁的小路上。

“现在，”禅师说，“嗯，现在你的花园才是真的美。”

美，除了简单、整洁，还有变幻和凌乱。

* * *

正如哈佛大学的美学教授伊莱恩·斯凯瑞所言，生活中有很多让人喜悦的事情，也有很多让人无所适从的东西。美具有让它们合二为一的特殊本领。我们常常犯错，误认为自己是世界的中心。美总是适时地把我们从累赘的幻觉中拉回来。

斯凯瑞说：“美不仅让我们知道自己是局外人，还让我们因身为局外人而感到心花怒放。”

身为局外人却能感受到喜悦，这正是美丽的大自然的独到之处，它让我们一下子体会到什么是息息相关。自然之美不仅让我们反思自己的生活，而且不动声色地引导我们走出自我，在现实中找到快乐。当你被自然界的美丽吸引的时候，你心中的焦虑就会逐渐坍塌，那些由失落和哀愁砌成的壁垒也将土崩瓦解。数千年来，很多哲学家主张美可以唤醒人类去治愈世界。的确如此。它还可以治愈我们内心的伤痛，帮我们找回内心失去的东西。

说到美，仁者见仁，智者见智。小时候，我们作为孩子最强大的一些早期经历来自对自然界里的形状和对称——五颜六色、不同大小的翅膀，各种花样的叶子，石头在水面砸出的同心圆，万花筒里层层叠叠的花纹——的认知所产生的喜悦。对一些人来说，自然界的这些优美的特征成为他们余生创作能量的来源。著名的舞蹈家伊莎多拉·邓肯从小时候起就对海浪情有独钟，后来她把海浪的流畅融入芭蕾舞，创造了我们现在所见的现代舞。

美和我们一路同行。有迹象表明，人类的美感在不断增强。大约从公元 500 年至 16 世纪，基督教的领袖们一直对不规则的地貌馋口嗷嗷。他们认为地球是一个光滑有序的球体，崎岖的海岸线、起伏的山丘等是对完美的侮辱，是“世俗的蛋”。这些神职人员说，大洪水后，上帝把这些弯曲、不对称的自然形象放在这里是为了提醒人类不要忘记自己的罪恶。

17 世纪，人们开始对“不规则的”地貌产生兴趣，旧观念发生了天翻地覆的变化。风景画展现的自然不再是魔鬼藏身的地方，而是心灵复苏的源泉。西方的诗人和作家把他们对自然的情感带进了科学的领域。曾经有人评价伽利略的望远镜创造了无限的可能，诗人兼哲学家亨利·莫尔则说，那是“没有尽头的心灵”。

无独有偶，沙夫茨伯里三世伯爵、哲学家安东尼·阿什利-库珀在贫瘠之地领略到了壮美。他说，起初看起来可怕的沙漠，并非没有其独特的美。

* * *

20 世纪 90 年代末，6 月的某个温暖的午后，我在明尼苏达州北部的 53 号高速公路边停车，穿过德卢斯的街道，直奔一位奥吉布瓦长者的湖边小屋而去。一个星期前，我在南本德见过 93 岁的旧邻居珀尔之后，继续 4 000 英里的旅行。在明尼苏达探访那些和自然保持亲密接触的人时，几位原住民推荐了这位与众不同的、会讲故事的奥吉布瓦女人。我打电话给她，问她是否愿意和我聊聊。

“好的，”她平静地说，“但是我只知道我熟悉的事。”

我至今仍然记得我们见面那天的情景：碧空如洗，阳光灿烂。我们坐在她家厨房里，苏必利尔湖的气味从敞开的窗子飘进来，阳光撒在老橡木桌子上。我们聊了差不多一个小时后，她突然把被太阳晒黑的胳膊放到桌子上，手心向上，给我讲了一个彻底改变我人生的故事。

很久很久以前，“心灵女神”在森林里产下一对人类的孪生子，然后由动物们抚养。动物们不辱使命——疼爱他们，满足他们的所有需要。深夜的那几个小时，熊把他们搂在毛茸茸的怀里，让他们取暖。每天早上天刚亮的时候，海狸接走他们，来到附近的湖边，把他们泡在水里，然后放在草地上晒太阳。

轮到狗了。它对待工作一丝不苟，谁也比不了。苍蝇飞来飞去，惹人烦，它就追着它们跑，把它们赶走；两个婴儿因为肚子疼而啼哭不止的时候，狗就用冰凉潮湿的鼻子蹭他们的肚子，逗得他们咯咯地笑；如果这招不管用，它就扑来扑去地“耍宝”。白天，他们喝鹿奶；晚上，他们听着鸟叫入睡。

但是有些事情好像不太对。一天，熊鼓足勇气说：“我们养育他们，照顾他们，把他们视如己出，但是他们不会站，不奔跑，也不打闹。”大家都明白熊的意思。狗计上心头，说道：“西风的儿子纳纳布什明天来。他那么聪明，一定有办法。”

第二天，纳纳布什如期而至。他总在动物们需要他的时候及时出现。他把两个婴儿带到草地上观察，认真倾听动物描述的问题，边听边点头，最后称赞他们把人类的孩子照顾得很好。

他说：“我想，也许你们把工作完成得太好了。被溺爱的孩子是不会成长的。只有通过努力得到自己想要的，他们才能成长。”

尽管纳纳布什聪明至极，但他还是没有办法解决。所以，他准备像以前做过无数次的那样，远赴西方他熟悉的那座高峰——也许就在贝尔图斯山脉——找“伟大的神灵”求助。

纳纳布什离开森林，在草原上长途跋涉，终于在几周之后到了那座山。他不费吹灰之力地爬到山顶，呼唤“伟大的神灵”。“伟大的神灵”出现了。她对纳纳布什有求必应。听完纳纳布什的倾诉，她要求纳纳布什在那座雄伟的山峰上寻找一种五颜六色、闪闪发光的石头。“伟大的神灵”说，“把它们码在这儿，码得高高的”。这是一项艰巨的任务，但是纳纳布什早就明白讨价还价无济于事。于是他开始搜集石头。日复一日，当把最后一块彩色的石头放上去的时候，出现了一座小山。

接下来该做什么呢？他坐在那里等待“伟大的神灵”出现，可是好几个小时过去了，她没有发出任何指令。纳纳布什闲极无聊，开始扔石头打发时间。开始只是一块一块地扔，后来一把一把地扔。纳纳布什发明了一个游戏。他又学会了变戏法。有一天早上，当太阳从东方的地平线升起的时候，他抓起一大把石头抛向空中。这一次，石头没有掉下来，而是长出了翅膀，纳纳布什从没见过这么绚丽的东西。它们就是最早的蝴蝶。

于是，他知道自己该做什么了。他要下山，回森林里去。蝴蝶扑棱着翅膀跟随着他，他仿佛裹着一条抖动的毛毯穿过辽阔的大草原，回到孩子们身边。两个孩子从草地上抬起头，欣喜若狂。他们举起肉乎乎的小手，拼命挥舞着手臂抓蝴蝶。他们当然一只也没抓到。很快，他们开始爬着追蝴蝶。几个星期之后，他们站起来了，还在努力地追，然后他们会走了。没过多久，他们开始奔跑，穿过森林、穿过草地，拼命想要逮住那些漂亮的会飞的生物，哪怕一只也好。

奥吉布瓦长者说，就这样，蝴蝶教会了孩子们走路。

我感谢了她，没再说什么。走之前，老人拍了拍我的肩膀，提了一个要求。她说，如果我要把这个故事讲给别人听——当然，她希望我能这样做——我必须先明白一件事：这个故事的意义在于提醒人们不要满足孩子的所有要求。

“我们懂这个道理，”她说，“不过，在想不通的时候、伤心难过的时候、愤怒或者灰心丧气的时候，我们还是会想起这个故事。因为它告诉我们首先要修复和美丽的事物之间的关系。美是我们继续前行的动力。”

* * *

回到蒙大拿的家之后，我开始写作。我在群山间漫步，脑子里全是蝴蝶的故事。几年之后，西南部有一个针对所谓的“危险青少年”的野外疗法项目组邀请我同行。我和他们一起走在曲折起伏的峡谷里，周围的景色美不胜收。

第一天晚上，8个女孩——年龄从14岁到18岁不等——和我围坐在篝火旁。知道我是作家之后，她们让我讲故事。我有些措手不及。满脑子跑的故事似乎都不适合这些伤痕累累的女孩——她们吸食毒品、受到虐待或者患有抑郁症。突然，我想起了蝴蝶。然后，我深吸一口气，开始讲故事。她们听得聚精会神，彼此靠得越来越近。最后，她们面带微笑地点着头，默默无语。有几个孩子泪流满面。

那个春天，我观察着、倾听着，从那些年轻人身上有所感悟。离开荒野之后，我继续跟踪了一年她们的情况，通过几个孩子在现实社会中的表现了解项目效果。

我经常联系的女孩之一叫亚历克西斯。和其他很多人一样，她来自中上阶层家庭，16岁搬到犹他州，那时已吸食毒品3年，生活一塌糊涂。她反复尝试过所有的介入治疗，包括戒毒所28天的住院疗法、接龙式的讲座，甚至参观可怕的阿纳海姆监狱。我们第一次见面是在平岩峡谷。她当时气急败坏，不能接受停在前不着村后不着店的荒原中间。

荒原项目结束一年后，我给她打电话。

“是这样的，”她说，“荒原毁掉了吸食毒品引起的快感。回家几个月之后，我又吸过。但是我停下来了。我放弃了毒品。还有很多别的东西值得我关注。”

接下来大约半个小时，她一直在讲述荒原怎样实现了这些改变。

“那是我第一次知道什么是美，”她说，“美到几乎让人心痛。”

她并不是唯一一个提到野外给予的这份独特礼物——使人第一次知道什么是美——的人。尽管奥吉布瓦长者几年前曾经告诉我，美能够帮助人找到正确的方向，重新上路，但目睹它治愈心灵的强大效果，我仍然感到震惊。我对亚历克西斯说，任何一个不知道这些事而活到16岁的人都是可悲的。

电话那边一片寂静。

“我应该换一种说法，”最后她说，“我见过美，见过一次。”然后她讲起自己在7岁那年去谢拉山脉的大熊湖边叔叔的小木屋度过一周的往事。在那里，她蹚溪水、采野花，和叔叔爬上城堡岩顶部。在岩石上，她看到一只鹰从眼前飞过，离得那么近，鹰拍打翅膀的声音都清晰可闻。她对叔叔说，她也想拥有一对翅膀，像鹰一样飞翔。叔叔说，这是一个美丽的梦想，她应该尽自己最大的努力坚守它。

“之后不久，我的父母离婚了。我的哥哥被酒驾的人撞死。一切都破碎了。”

* * *

现在，距离我和亚历克西斯在犹他州的鼠尾草和金花矮灌木中穿行已经过去了20年，她成为一名儿科护士，已经有了两个孩子。我上次和她聊天时，她仍然说荒野训练是她生命里最重要的体验，而且，理由一直没有改变：在那里，美从诸多事物中脱颖而出，牵住了她的手。在那里，她置身于更广阔的世界之中——博尔德山的杨树林里、红沙漠的几十个神秘的洞穴和肃穆的峡谷里。

“去年夏天，我带两个女儿去了城堡岩。”她说，“她们像我小时候一样兴奋。她们喜欢那儿。或许，她们长大了还会再去，在她们真正需要的时候，她们会在那里找回那种感觉。”

＊＊＊

爱默生说过，自然吸引着我们，“因为，同样是用眼睛看到的景象，自然显得那么壮观”。大自然出神入化的美丽可以让我们摆脱孤僻，摆脱抗争、焦虑和厌倦，它们很容易磨平我们生活中的轨迹。其实，我们需要做的只是走出去、呼吸、享受宁静。

＊＊＊

16 世纪，一群有权有势的宗教领袖聚集在罗马，讨论天主教教会日益严重的危机。这个危机是一种状态，即“绝望”——混沌和消沉，失去对信仰的热情。不知道为什么，这种气氛像癌症一样扩散到欧洲的很多地方。几个月过去了，他们找不到解决办法，于是决定求助智慧虔诚的心灵侦探托马斯·阿奎纳。阿奎纳不愧盛名在外，不遗余力地忙碌起来——祈祷、禁食，访问成百上千座教堂和数以万计的教徒。差不多两年后，阿奎纳回到罗马。他说，人们绝望了，因为他们失去了和自然之美的联系。

19 世纪，英国博物学家理查德·杰弗里斯公布了“绝望”的解药。他写道：“大地上洋溢着美好，每一片花瓣都会产生新的思想。只有沉浸在美丽之中才不会死去。和这些事物相处的时间越长，从流逝的时光中能抢到的东西就越多。”

＊＊＊

当然可以说，因为奋斗——生活和世界似乎越来越躁动不安——我们和自然之美失之交臂。但是我不这么认为。我想，我们和美的距离越来越远，是因为我们对现实——人类的行为造成山火蔓延、飓风肆虐、暴雨连天——感到失望，甚至愧疚。

我们不喜欢这种感觉。匆匆忙忙的日常生活让我们忽视这些悲伤和愧疚，也让我们忘掉了万物共生的益处，这就是心理学家所说的“未处理的损失”。现在，我们需要一场悲伤之旅、一种和解，我们要有意识地走进偶尔产生的对这颗星球深深的罪恶感。

和内心的愧疚和平共处，也会让我们从中找到归属感，但有一个事实是：虽然晚间新闻戏剧性地把山火、飓风描述成大自然的愤怒，但是大自然并没有因为人类对它做出了同等程度的伤害而厌恶人类。厌恶、愤怒和狂躁到头来只属于我们。地球一如既往——兴衰枯荣、潮起潮落、春暖花开。

美近在咫尺，触手可及。夏日的午后，站在老枫树下，当你微微一惊，意识到什么都不用做，没有需要解决的问题，没有需要制订的计划，只有阳光、树荫和微风吹过树叶的声音时，你就能感受到美。这是一场轻松而又不同寻常的交流：你呼出大树的养料，大树回敬你需要的氧气。

世界在回报你。

你也在回报世界。

致谢

衷心感谢杰出的代理人爱丽丝·马特尔，感谢她对此书的坚定信念。从立项到成书，她既是我的出色顾问，又是我无畏的守护者。除此之外，还要感谢达顿图书的编辑约翰·帕斯利。谢谢你，约翰，是你施展无与伦比的才华对文稿字斟句酌地打磨，使它形神合一。

请允许我列出长长的名单，向才华横溢的科学家、历史学家和哲学家表达敬意。我尤其要感谢哈佛大学、剑桥大学、艾奥瓦州立大学、康奈尔大学、北亚利桑那大学出色的生物学家、人类学家、遗传学家、物理学家、神话学家、生态学家和心理学家。还有伊利诺伊大学、爱丁堡大学、雷丁大学、萨塞克斯大学、加利福尼亚大学、蒙大拿州立大学、华盛顿大学、不列颠哥伦比亚大学。还要感谢美国国家航空航天局、美国国家海洋和大气管理局及美国国家公园管理局的大批能人。

心理学家爱德华多·杜兰博士的热心和真知灼见让我能够在日常的喧嚣和混乱中享受无穷无尽的美丽和优雅。

最后，我把最深的感谢送给我的生命之光——总是带给我惊喜的妻子和事业的合作者玛丽·M. 克莱尔博士。她陪我走过了上万英里的路——乡村小路和城市大道，是这本书很多理念的提出者和完善者。特别是截稿之后，她殚精竭虑地反复编辑。我敬佩她数十年来在大学社会和发展心理学上取得的造诣，以及在鼓励自己和他人探究内心的真正需求方面奉献的饱满热情和高超技巧。她是世界的财富。

感谢我自己。

感谢这本书。